Infineon TC275 기반

차량용
임베디드
시스템

Infineon TC275 기반

차량용
임베디드
시스템

도영수, 박재완, 김민호, 김종훈, 전재욱 지음

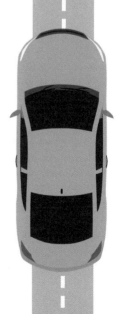

성균관대학교
출판부

머리말

자율주행차, 전기차, 커넥티드카와 같은 새로운 차량 기술이 등장하면서 다양한 센서 및 액추에이터가 추가되고 차량 전자전기 구조가 복잡해지면서 차량 내부 정보량이 대폭 증가하고 있다. 따라서 이러한 정보를 효율적으로 전송할 수 있는 차량 네트워크 역할이 더욱 중요하게 되었다.

차량 네트워크 핵심 내용을 제대로 이해하려면 관련 이론적인 내용과 함께 실무와 밀접한 실습을 수행하는 것이 필요하다. 본 교재는 학습자의 차량 네트워크 통신에 대한 이해를 돕기 위해 Infineon사의 TC275 MCU를 이용한 실습 내용으로 구성되었다.

설계된 임베디드 시스템은 다양한 차량 네트워크 실험을 수행할 수 있도록 CAN/CAN-FD, Ethernet, 시리얼 통신 등의 기능과 LED, 스위치, 모터, TFT-LCD 등의 주변 장치를 포함하였다. 본 교재는 임베디드 시스템과 개발 환경 구축 방법을 소개하고, CAN, Ethernet, 멀티 코어 구동 등과 관련된 실습에 관해 설명한다. 각 실습 부분에서는 관련 이론을 먼저 소개하고 다양한 실습 과정을 수행한다. 실습마다 별도의 GUI와 바이너리 파일을 제공하기 때문에, 프로그래밍 지식이 부족한 학습자도 관련 실습 내용을 쉽게 수행할 수 있다. 또한, 부록에는 임베디드 시스템의 하드웨어 사양, 펌웨어 구조, 라이브러리 구성 등에 관한 상세한 내용이 포함되어 있어서 임베디드 시스템의 프로그램 세부내용에 관심이 있는 학습자에게 도움이 될 것이다.

마지막으로 모든 학습자가 본 교재를 통하여 차량 네트워크 핵심 기술을 이해하기 바라며, 출판에 이르도록 도와주신 성균관대학교 출판부 여러분과 실제 실험을 수행하며 여러 가지로 도움을 준 성균관대학교 자동화연구실 연구원 모두에게 감사의 마음을 전한다.

도영수, 박재완, 김민호, 김종훈, 전재욱

목차

용어 정리

EOF	End Of Frame
ESP	Electronic Stability Program
EV	Electric Vehicle
EVR	Electronic Voltage Regulator

F

FCEV	Fuel Cell Electric Vehicle
FCS	Frame Check Sequence
FPU	Floating Point Unit
FTP	File Transfer Protocol

G

GND	Ground
GPT	General Purpose Timer
GTM	Generic Timer Module

H

HMI	Human Machine Interface
HSCT	High Speed Communication Tunnel
HS-CAN	High Speed Controller Area Network
HSM	Hardware Security Module
HTTP	Hyper Text Transfer Protocol
HAL	Hardware Abstraction Layer

I

IANA	Internet Assigned Numbers Authority
IC	Integrated Circuit
ID	Identifier
IEEE	Institute of Electrical and Electronics Engineers
IFS	Inter Frame Space
IIC(I2C)	Inter-Integrated Circuit
IMAP	Internet Message Access Protocol
IOM	Input/Output Module
IPv4	Internet Protocol version 4
IPv6	Internet Protocol version 6
ISO	International Organization for Standardization
IVN	In-vehicle Network
ISR	Interrupt Service Routine

J

| JPEG | Joint Photographic Experts Group |

L

LAN	Local Area Network
LCD	Liquid Crystal Display
LED	Light Emitting Diode

LIN	Local Interconnect Network
LLC	Logical Link Control
LRR	Long Range Radar
LSB	Least Significant Bit
LS-CAN	Low Speed Controller Area Network
LVDS	Low Voltage Differential Signaling

M

MAC	Media Access Control
MCU	Micro Controller Unit
MDI	Medium Dependent Interface
MPEG	Moving Picture Experts Group
MSB	Most Significant Bit
MSC	Micro Second Channel

N

NRZ	Non Return-to-Zero

O

OBD	On-Board Diagnostics
OCDS	Open Contracting Data Standard
OS	Operating System
OSI	Open Systems Interconnection reference model
OOP	Object-Oriented Programming

P

PC	Personal Computer
PCI	Protocol Control Information
PCP	Priority Code Point
PDU	Protocol Data Unit
PHY	Physical-layer transceiver
PHEV	Plug-in Hybrid Electric Vehicle
PLL	Phase Locked Loop
PLL-Eray	Eray Phase Locked Loop
PLS	Physical Layer Signal
PMA	Physical Medium Attachment
PMI	Primary Management Interface
PMS	Physical Medium Specification
PSI5	Peripheral Sensor Interface 5
PTP	Point-To-Point
PBSW	Push Button Switch

Q

QSPI	Quad Serial Peripheral Interface

R

RAM	Random Access Memory	
RIP	Routing Information Protocol	
RJ45	Registered Jack 45-type	
RPM	Rotations Per Minute	
RS-232	Recommended Standard 232	
RTOS	Real Time Operating System	
RTR	Remote Transmission Request	
RX	Receive data	

S

SA	Source (MAC) Address
SAE	Society of Automotive Engineers
SCU	System Controller Unit
SDMA	Smart Direct Memory Access
SDU	Service Data Unit
SENT	Single Edge Nibble Transmission protocol
SFD	Start of Frame Delimiter
SIL	Safety Integrity Level
SoC	System-on-Chip
SOF	Start Of Frame
SRAM	Static Random Access Memory
SSL	Secure Sockets Layer
STM	Synchronous Transport Module
SW-CAN	Single Wire Controller Area Network

T

TCP	Transmission Control Protocol
TFT-LCD	Thin Film Transistor-Liquid Crystal Display
TPID	Tag Protocol Identifier
TV	Television
TX	Transmit data

U

UART	Universal Asynchronous Receiver / Transmitter
UDP	User Datagram Protocol
USB	Universal Serial Bus

V

VLAN	Virtual Local Area Network

W

Wi-Fi	Wireless-Fidelity

1.
임베디드 시스템 소개

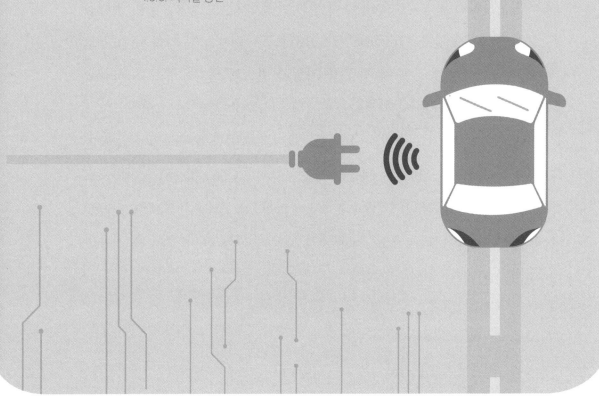

1.1

Infineon

"Infineon"은 독일의 시스템 반도체 기업으로, 무한이라는 의미의 라틴어 "infinitas"와 영원이라는 고대 그리스어 "eon"을 결합하여, "무한한 가능성의 아이디어를 떠올리며 도전하자"라는 의미를 지니고 있다.

"Infineon"은 1999년 4월에 모기업인 "지멘스 AG"가 운영하던 반도체 사업부가 분사하여 설립되었으며, 주력 생산 항목으로는 자동차, 산업, 전력용 시스템 반도체가 있다. "Infineon"은 2018년도 기준 반도체 기업 14위 규모의 매출을 기록하였고, 주력 제품 중 자동차 반도체 분야에서는 "Renesas", "NXP"와 함께 전 세계 시장 점유율 1, 2위를 다투고 있다.

"Infineon"의 MCU는 8비트, 16비트, 32비트 제품들로 구성되어 있으며, 대표적으로 32비트 MCU의 제품군으로는 Arm® Cortex®-M을 기반으로 하는 XMC™, TRAVEO™, PSoC™, Auto PSoC™, FM™, MOTIX™, Embedded Power IC(System-on-Chip) 등이 있으며, TriCore™ 기술을 사용한 AURIX™ MCU도 있다.

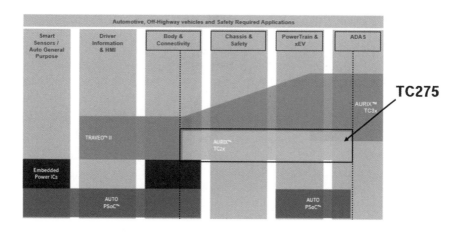

그림 1-1. 차량 분야별 Infineon MCU 적용 사례

그림 1-1은 차량의 기능들 중에 Infineon MCU가 적용된 사례를 나타내고 있다. 본 교재에서 사용되는 임베디드 시스템은 AURIX™ TC2x 제품군 중 TC275를 이용하여 설계 구현하였다. AURIX™ TC2x 제품군은 Body, Chassis, PowerTrain, ADAS 등 차량의 전반적인 분야에서 이용되고 있으며, 내연기관 차량뿐만 아니라 전기차(EV), 수소연료 전기차(FCEV), 플러그인 하이브리드차(PHEV) 등에 적용되고 있다.

1.2

TC275

AURIX™는 독립적인 32비트 코어가 최대 3개인 MCU이다. 해당 MCU 는 200MHz의 동작 클럭과 4MB의 플래시 메모리를 지원하고, GTM과 같은 다양한 주변 기능을 포함하고 있다.

그림 1-2는 AURIX™ TC2x MCU 제품군에 대한 구성표이다.

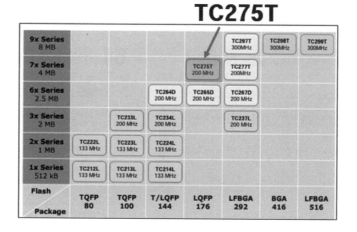

그림 1-2. TC2x 제품군 구성표

각각의 AURIX™ TC2x MCU는 패키지와 플래시 메모리의 크기에 따라서 구분된다. 제품명 뒤쪽에 표시된 'L'은 "Single Lockstep Core"를 의미하고, 'D'는 "Dual Core", 'T'는 "Tri Core"를 의미한다. 그리고 모든 TC2x 제품군은 CAN-FD 기능을 지원한다.

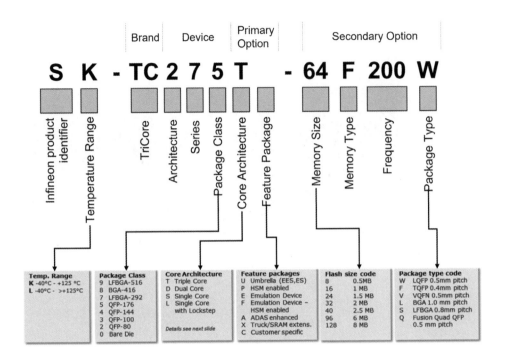

그림 1-3. TC275의 제품명 규칙

MCU의 이름만으로도 MCU의 주요 특징과 사양을 유추할 수 있다. 그림
1-3의 제품명 규칙을 기반으로 TC275의 메모리 타입, 동작 주파수, 코어 수와
같은 정보를 알 수 있다.

표 1-1. TC275 사양

특징		TC275T
TriCore 1.6P	#Cores / Checker	2 / 1
	Frequency	200 MHz
TriCore 1.6E	#Cores / Checker	1 / 1
	Frequency	200 MHz
Flash	Program Flash	4 MB
	EEProm @ w/e Cycles	64 KB @ 500k
SRAM	Total(DMI, PMI)	472 KB
DMA	Channels	64
ADC	Modules 12bit / DS	8 / 6
	Channels 12bit / DS	60 / 6 Diff
Timer	GTM Input / Output	32 / 88 channels
	CCU / GPT modules	2 / 1
Interfaces	FlexRay(#/ch.)	1 / 2
	CAN-FD(node/Obj)	4 / 256
	QSPI / ASCLIN / I2C	4 / 4 / 1
	SENT / PSI5 / PSI5S	10 / 3 / 1
	HSCT / MSC	1 / 2 Diff LVDS
	Other	Ethernet MAC
Safety	SIL Level	ASIL-D
Security	HSM	Optional
Power	EVR	Yes
	Standby Control Unit	Support

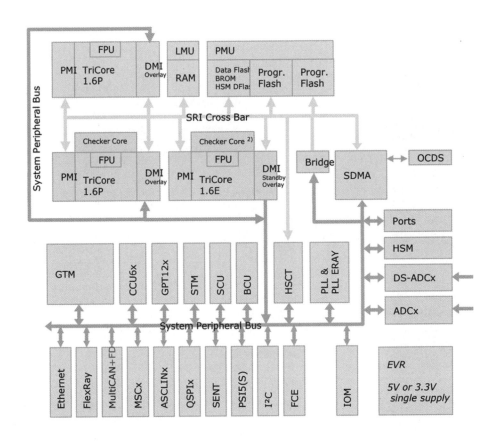

그림 1-4. TC275의 내부 구조

　　표 1-1과 그림 1-4는 TC275의 사양 및 내부 구조를 보여주고 있다. TC275는 3개의 200MHz 코어로 구성되어 있고, 4MB의 플래시 메모리와 64KB의 EEPROM이 내장되어 있으며, ADC, 타이머 등의 기능과 통신 인터 페이스를 포함하고 있다.

1.3

임베디드 시스템

본 교재에서는 그림 1-5와 같은 32비트 MCU인 TC275 기반의 임베디드 시스템을 사용한다.

그림 1-5. TC275 기반 임베디드 시스템

그림 1-6은 TC275 기반 임베디드 시스템의 기능별 구성을 나타낸다.

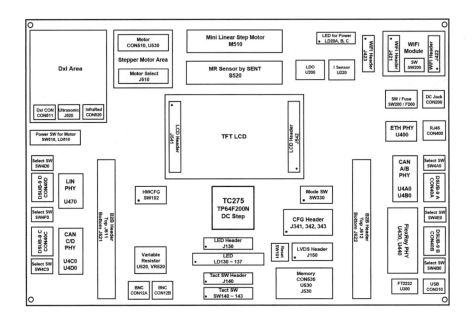

그림 1-6. TC275 기반 임베디드 시스템의 구성도

그림 1-6을 통하여 임베디드 시스템에 어떤 기능이 포함되어 있는지 파악할 수 있다.

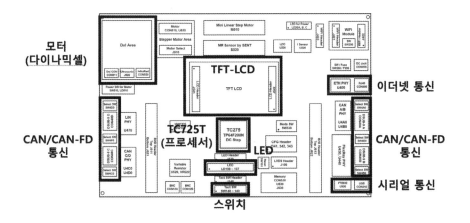

그림 1-7. 실습에서 사용할 주요 I/O

그림 1-7에는 실습에서 사용할 주요 I/O 요소를 나타내고 있다. 첫 번째 실습에서는 CAN과 CAN-FD 통신에 대해 다룰 것이다. 두 번째에서는 Ethernet 통신을 수행할 것이고, 세 번째에서는 멀티 코어 시스템을 이해하기 위해서 TC275 내부 3개의 코어를 동시에 구동할 것이다. 각 실습에서는 모터(다이나믹셀), LED, 스위치, 시리얼 통신을 이용하여 실습 결과를 표시할 것이다. 앞으로 본 교재에서는 TC275 기반 임베디드 시스템을 간단히 TC275 혹은 실습 보드로 칭할 것이다.

1.3.1. 전원

본 실습 보드는 12V DC 전원 어댑터를 이용하여 전원을 공급받으며, 평균 400mA의 전류를 사용한다. 그리고 3A 이상의 전류가 인가되면 퓨즈가 끊어져서 전원이 차단된다. 12V DC 전원 어댑터 연결포트 옆에 있는 전원 스위치를 위로 올리면 실습 보드에 12V 전원이 공급된다. 실습 보드에 12V가

공급되면 보드 내부에서 전원을 분배하여 MCU에는 5V, 서보 모터에는 12V가 인가된다.

1.3.2. CAN / CAN-FD

1) 채널 설정

본 실습 보드는 CAN(CAN-FD) 통신을 지원하는 포트가 4개가 있고, CAN 통신과 CAN-FD 통신은 같은 포트를 사용한다. 부가적으로 실습 보드는 Ethernet, 시리얼, LIN, Wi-Fi, FlexRay, USB 통신 기능을 포함하고 있다.

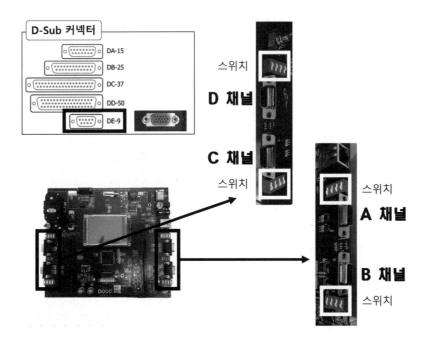

그림 1-8. 실습 보드 내 D-Sub 커넥터 위치

실습 보드는 하나의 D-Sub 커넥터로 CAN/CAN-FD, FlexRay, LIN 등의 통신을 사용할 수 있도록 구성되어 있다. 그래서 별도의 스위치를 이용하여 CAN/CAN-FD, FlexRay, LIN 통신 중, 하나를 선택해 사용한다. 그림 1-8 좌측 상단에 "DA-15", "DB-25", "DC-37", "DD-50", "DE-9" 타입의 D-Sub 커넥터가 나타나 있고, 실습 보드에서는 9핀으로 구성된 "DE-9" 커넥터를 사용하고 있다.

별도의 스위치를 이용하여 사용할 통신 규약을 선택하는 방법은 다음과 같다.

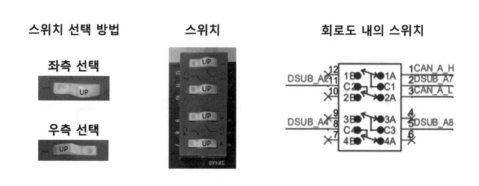

그림 1-9. D-Sub 커넥터의 통신 규약 선택 스위치 구성

그림 1-9는 스위치 선택 방법, 스위치의 모습, 회로도 내의 스위치 등을 표시하고 있다. 그림 1-9에 나온 스위치는 양쪽의 핀 중에 연결할 핀을 선택하는 스위치이다. 그림 1-9의 스위치 선택 방법과 같이, 스위치의 우측이 튀어나와 있으면 우측 핀이 연결되었다는 것을 의미한다.

회로도 내의 스위치를 보면 12개의 핀이 있다. 그림 1-9 중앙에 표시된 스위치 위치를 고려하면, 2번 핀은 좌측의 12번 핀이나 우측의 1번 핀과 연결될 수 있으며, 상단의 첫 번째 스위치가 우측 방향으로 돌출되었기 때문에 2번 핀은 좌측의 12번 핀이 아닌 우측의 1번 핀과 연결된다. 11번 핀은 좌측의 10번 핀이나 우측의 3번 핀과 연결될 수 있으며, 상단 두 번째 스위치가 우측 방향으로 돌출되었기 때문에 우측의 3번 핀과 연결된다. 마찬가지로 5번 핀은 4번 핀에 연결되고, 8번 핀은 6번 핀에 연결된다는 것을 알 수 있다.

위와 같이 스위치를 이용하여 연결할 출력 핀을 선택함으로써, CAN/CAN-FD, Flexray, LIN 통신 규약 중 원하는 통신 규약을 선택하여 D-Sub 커넥터에 연결할 수 있다.

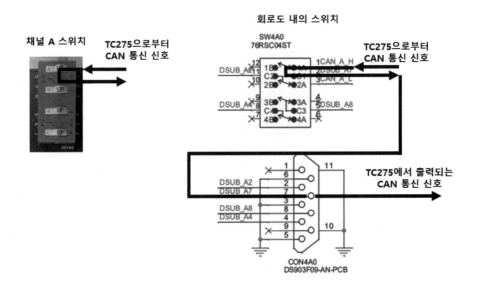

그림 1-10. CAN 통신 신호의 흐름도

그림 1-10에는 채널 A의 스위치를 CAN 통신이 되도록 설정하였을 때,

통신 신호의 흐름이 표현되어 있다. 그림 1-10 채널 A 스위치와 같이 설정했을 때, 1번 핀은 2번 핀과 연결되어, TC275의 CAN 통신 신호가 1번 핀으로 입력되고, D-Sub 커넥터의 7번 핀과 연결되어 외부로 출력된다. 이와 같은 방법으로, 나머지 채널과 통신 신호들도 D-Sub 커넥터로 출력된다.

그림 1-11은 모든 채널의 스위치를 CAN 통신 규약으로 설정한 모습을 보여주고 있다.

2) CAN/CAN-FD 통신의 종단 저항 설정하기

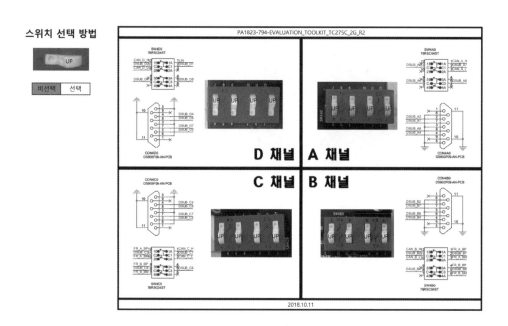

그림 1-11. CAN 통신을 위한 채널별 D-Sub 커넥터 스위치 설정

CAN 통신은 버스 형태의 네트워크를 사용하고, 버스 끝단에 종단 저항을 설치하여 신호 반사 현상을 방지한다. 그러나 종단 저항을 버스의 중간에 설

치할 경우 오히려 통신 장애 문제를 일으킬 수 있다. 종단 저항을 버스의 중간에 설치하게 되면 CAN 신호가 약화되어 통신 장애 문제를 일으키기 때문에 실습 보드가 버스에 연결되는 위치에 따라 종단 저항을 탈/부착할 수 있도록 설계하였다.

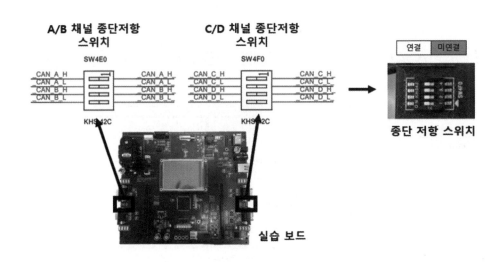

그림 1-12. 종단저항 스위치

그림 1-12에는 A/B 채널 또는 C/D 채널에 종단 저항을 연결하기 위한 스위치가 표시되어 있다. 이 스위치는 4개의 핀으로 구성되어 있고, 왼쪽으로 스위치를 이동시키면 종단 저항이 CAN 버스에 연결된다. 만약 D 채널에 종단 저항을 부착하기 위해서 스위치(SW4F0)의 3번과 4번을 ON 시키면(왼쪽으로 이동시키면) 종단 저항이 CAN 버스에 연결이 된다. 이와 같은 방법으로 다른 채널의 버스에도 종단 저항을 부착할 수 있다.

1.3.3. Ethernet

실습 보드는 100Mbps의 Ethernet 포트를 지원한다. 그림 1–13에는 Ethernet 포트의 위치가 표시되어 있고, Ethernet 케이블을 연결하는 방법이 소개되어 있다. Ethernet 케이블은 RJ45 규격을 사용하고 있다.

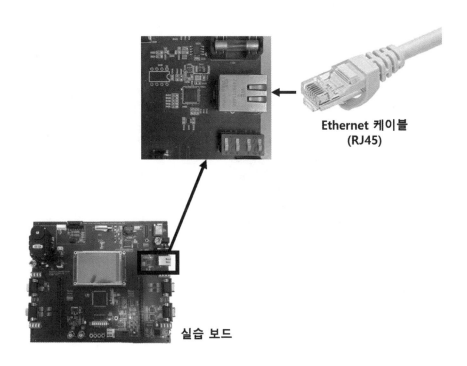

그림 1-13. 실습 보드 내 Ethernet 포트

1.3.4. LED

　실습 보드에는 8개의 LED가 설치되어 있다. 이 LED들은 실습 보드의 중
앙에 위치되어 있으며 점퍼를 이용하여 사용 여부를 선택할 수 있다.

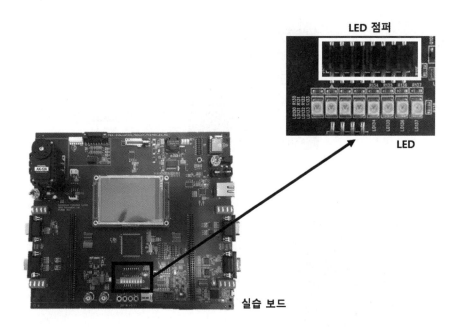

그림 1-14. 실습 보드 내 LED

1.3.5. 스위치

실습 보드에는 4개의 택트(tact) 스위치가 설치되어 있다. 이 스위치들은 실습 보드의 중앙에 위치되어 있으며 점퍼를 이용하여 사용 여부를 선택한다.

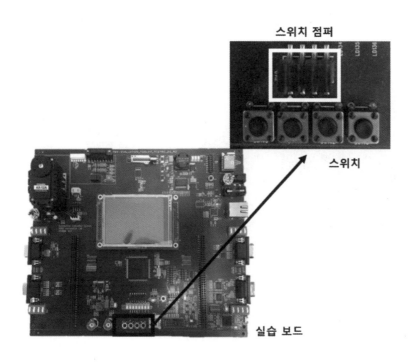

그림 1-15. 실습 보드 내 스위치

1.3.6. 모터(다이나믹셀)

다이나믹셀은 DC 모터, 감속기, 모터 드라이버와 각종 센서류가 하나의
장치로 구성된 모듈을 의미한다.

그림 1-16. 실습 보드 내 모터(다이나믹셀)

본 실습에서는 AX-12A 다이나믹셀이 사용되었고, 관절 모드와 바퀴 모
드로 제어가 가능하다. 관절 모드는 0도에서 300도까지 위치 제어가 가능하
고, 바퀴 모드는 무한 회전을 할 수 있다. 시리얼 통신을 통하여 미리 지정된
명령을 모터에 전송하여 제어할 수 있으며, 최대 254개 모터를 데이지 체인
형태로 연결할 수 있다. 또한, 모터의 현재 위치, 온도, 토크, 입력된 전압 등
을 확인할 수 있다.

1.3.7. TFT-LCD

TFT-LCD는 박막 트랜지스터 기술을 이용하여 화질을 향상한 액정 디스플레이이며, 각 픽셀에 자체 트랜지스터가 있어 이미지와 색상을 보다 선명하게 표현할 수 있다. TFT-LCD는 이미지를 선명하게 표현할 수 있지만, 상대적으로 시야각이 좋지 않은 특징이 있다. 그림 1-17과 같이 실습 보드에서 TFT-LCD는 중앙에 배치되어 있다.

그림 1-17. 실습 보드 내 TFT-LCD

1.3.8. 시리얼 통신

시리얼 통신은 크게 직렬 통신과 병렬 통신으로 나눠진다. 하나의 라인을 통해서 데이터를 순서대로 나눠서 보내는 방법을 직렬 통신이라고 하고, 여러 개의 라인을 이용하여 데이터를 한 번에 전송하는 방법을 병렬 통신이라고 한다.

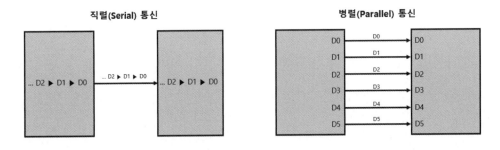

그림 1-18. 직렬 통신과 병렬 통신

직렬 통신은 전송하는 데이터를 특정한 신호(클럭)에 맞춰서 보내는 여부에 따라 동기식 방식과 비동기식 방식으로 나눠진다. 그림 1-19와 같이 동기식 방식에서는 클럭의 상승 신호(Rising edge) 또는 하강 신호(Falling edge)에 맞춰서 바이트 단위로 데이터가 전송된다. 또한, 클럭 신호를 통해 전송 타이밍을 확인하고, 데이터의 시작과 끝을 파악할 수 있다. 비동기 방식에서는 수신받은 바이트가 데이터의 시작인지 또는 끝인지 확인할 수가 없다. 전송의 시작 또는 끝을 의미하는 심볼 문자를 미리 선정하여 데이터를 송신할 때 함께 전송해야 한다.

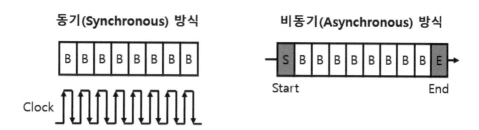

그림 1-19. 동기식 방식과 비동기식 방식

시리얼 통신에 속하는 UART 통신은 두 장치를 직렬로 연결하고 비동기 방식으로 데이터를 교환하기 위한 규약이다. UART 통신은 TX, RX 그리고 GND로 연결되어 있다. UART 통신은 더 긴 거리로 통신하기 위해 RS−232 라는 규격을 사용하여 신호를 증폭시키고, 시리얼 케이블이나 USB로 변경하는 트랜시버를 이용하여 PC나 다른 통신 장치와 연결하기도 한다.

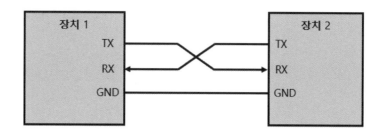

그림 1-20. UART 통신의 배선도

실습 보드의 UART 포트는 그림 1–21과 같이 우측 아래에 위치하며, UART 신호를 USB 신호로 변경해주는 트랜시버를 통하여 "Micro USB to USB 2.0" 케이블로 이용할 수 있도록 설계되어 있다.

Micro USB to USB 2.0(5 Pin)

실습 보드

그림 1-21. 실습 보드 내 시리얼 통신 포트

2.
개발환경 설치 및
사용 방법 소개

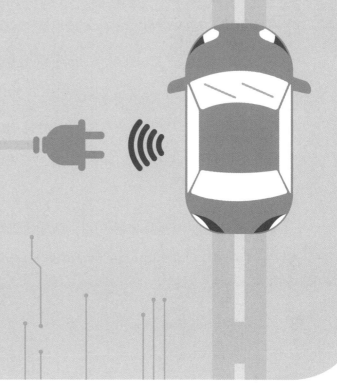

2.1

개발 과정 소개

임베디드 시스템에서 프로그램을 개발하는 과정은 크게 4단계로 나눌 수 있다. 각각의 과정을 간략히 살펴본 후, 실습에서 주로 필요한 내용을 더 깊이 있게 다룰 것이다.

첫 번째 과정은 "Coding"이다. 임베디드 시스템에서 제공하는 HAL 함수 혹은 직접 개발한 함수를 사용하여 C언어 기반의 프로그램을 구성한다. TC275의 경우 "Eclipse"라는 개발환경을 이용하여 프로그램을 개발할 수 있다. 실습에서 사용되는 모든 프로그램이 "Eclipse"를 이용하여 개발된 것이다.

두 번째 과정은 "Compiling"이다. 이는 C언어 기반으로 작성된 프로그램을 프로세서가 읽어 들일 수 있도록 명령어의 집합 즉, 기계어(이진 코드)로 변환하는 과정이다. 실습에서 사용되는 TC275 기반 elf 파일이 이 과정을 통해 생성된다.

세 번째 과정은 "Download"이다. 전 단계에서 생성한 이진 코드에 따라 프로세서의 메모리에 접근하는 과정이다. 실습에서는 UDE Vision Platform

이라는 프로그램을 이용하여 메모리에 접근할 것이다. 앞으로 이 프로그램을 UDE-STK라는 명칭으로 부를 것이다.

마지막 과정은 "Debugging"이다. 이 과정을 통해 프로그램을 수행하고 있는 프로세서의 상태를 자세히 파악하고, 문제점을 찾아 제거할 수 있다. 또한, "Breakpoint"라는 기능을 이용하여 원하는 순간에 프로그램 수행을 중단하여 특정 변수의 값을 확인할 수 있다.

본 교재에서는 차량 네트워크의 전반적인 내용을 쉽게 접할 수 있도록 사전에 완성된 프로그램을 제공한다. 따라서 사용자가 직접 프로그램을 설계할 필요가 없고, 위의 4단계 중에서 오직 "Download" 과정만 수행하면 된다. UDE-STK를 통해 Github에서 제공하는 실습 프로그램 파일을 TC275에 삽입하기만 하면, 정상적으로 실습을 진행할 수 있는 것이다. 그림 2-1과 같이, Github에서 실습에 필요한 프로그램을 제공하고 있으므로 참고하길 바란다.

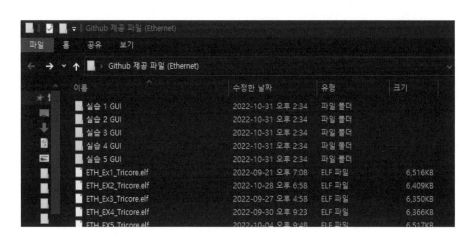

그림 2-1. Github 제공 파일 예시 (Ethernet)

압축되어있는 파일을 해제하고 사용하면 되는데, 이때 GUI의 경우 실행 파일(exe 파일)의 경로를 변경하지 않고 그대로 사용하길 바란다. 제공된 파일에 GUI 설정 정보가 들어있어, 실행 파일의 경로를 변경하고 이를 실행할 경우, 오류가 발생할 수 있다.

이제 본격적으로 UDE-STK를 설치하고 사용하는 방법에 대해 살펴보도록 하겠다.

2.2. UDE-STK 설치 및 사용 방법

2.2.1. DAS USB 드라이버 설치

UDE-STK를 설치하기 전에, 먼저 설치해야 하는 프로그램이 몇 가지 있다. TC275에 원하는 프로그램을 삽입하는 과정에서 USB-시리얼 변환기가 사용된다. UDE-STK와 연결하기 위해 전용 USB 드라이버를 설치해야 한다.

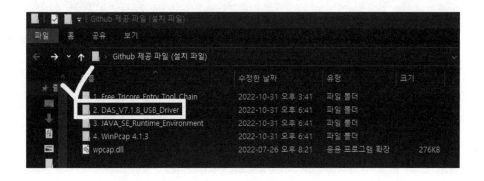

그림 2-2. 드라이버 설치 파일 확인 (1)

그림 2-3. 드라이버 설치 파일 확인 (2)

그림 2-2와 같이 Github에서 제공하는 설치 파일 패키지를 다운로드하고 "2. DAS_V7.1.8_USB_Driver"를 열면 그림 2-3과 같은 파일을 확인할 수 있다. OS에 따라 알맞은 설치 파일을 실행하면 된다.

해당 프로그램은 별도의 설정 없이 관련 규약에 동의만 해주면 된다. 그림 2-4부터 그림 2-9까지는 DAS USB 드라이버 설치 과정을 나타낸다.

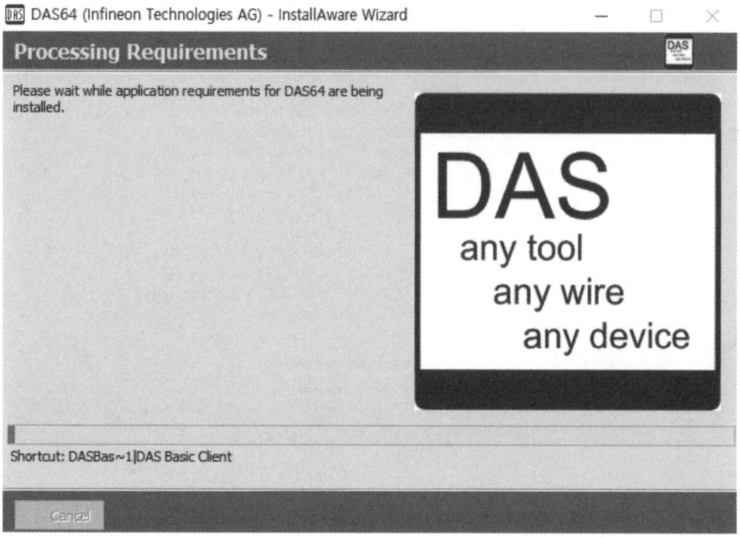

그림 2-4. DAS USB 드라이버 설치 과정 (1)

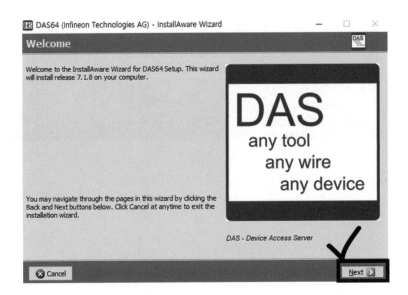

그림 2-5. DAS USB 드라이버 설치 과정 (2)

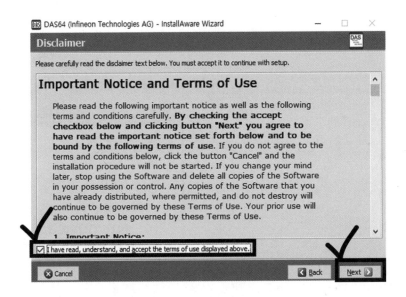

그림 2-6. DAS USB 드라이버 설치 과정 (3)

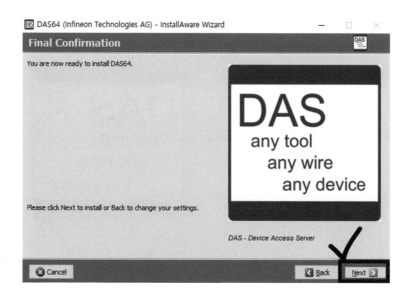

그림 2-7. DAS USB 드라이버 설치 과정 (4)

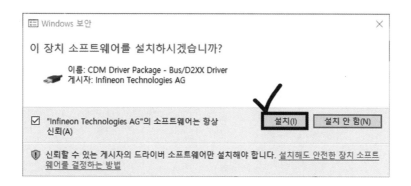

그림 2-8. DAS USB 드라이버 설치 과정 (5)

그림 2-8까지 완료했다면, 설치가 끝날 때까지 기다리면 된다. 설치가 정상적으로 이루어졌다면, 그림 2-9와 같은 화면을 볼 수 있다.

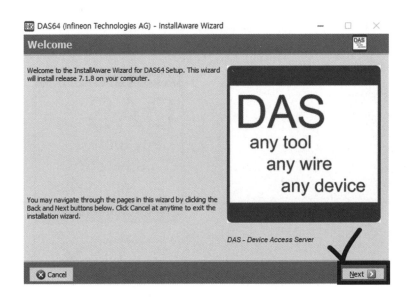

그림 2-9. DAS USB 드라이버 설치 과정 (6)

2.2.2. JAVA Platform SE 설치

다음으로 UDE-STK를 실행하는데 필요한 JAVA 프로그램을 설치해야
한다.

그림 2-10. JAVA 설치 파일 확인

설치 파일 중에서 "3. JAVA_SE_Runtime_Environment"를 열면 그림 2–10 과 같은 파일을 확인할 수 있다. "JAVA Platform SE"를 실행하고 그림 2–11과 같이 라이선스 계약에 동의하고 설치를 진행하면 된다.

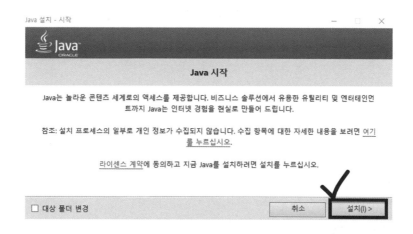

그림 2-11. JAVA Platform SE 설치 과정 (1)

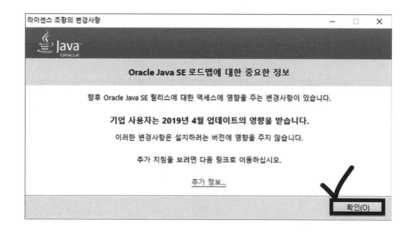

그림 2-12. JAVA Platform SE 설치 과정 (2)

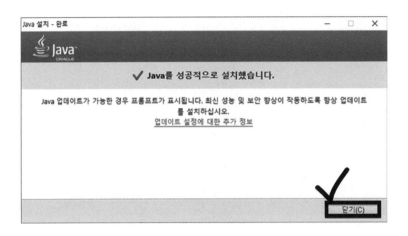

그림 2-13. JAVA Platform SE 설치 과정 (3)

이것으로 UDE-STK를 설치하기 위한 사전 작업은 모두 마쳤다.

2.2.3. UDE-STK 설치

설치 파일 중에서 "1. Free_Tricore_Entry_Tool_Chain"을 열면 그림 2-14
와 같은 파일을 확인할 수 있다.

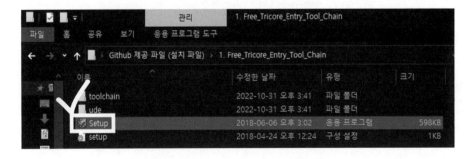

그림 2-14. Tool Chain 설치 파일 확인

UDE-STK는 TC275 전용 컴파일러 설치 파일(Tool Chain)에 함께 제공된다. Tool Chain 설치 파일을 실행하되 컴파일러 설치 과정은 무시하고, 실습에 사용할 UDE-STK만 별도로 설치할 것이다. 그림 2-14에서 확인할 수 있는 "Setup" 파일을 실행하면 된다. 처음 실행했을 때 그림 2-15와 같은 화면이 표시되고 그림 2-16과 같은 창이 표시된다.

그림 2-15. UDE-STK 설치 과정 (1)

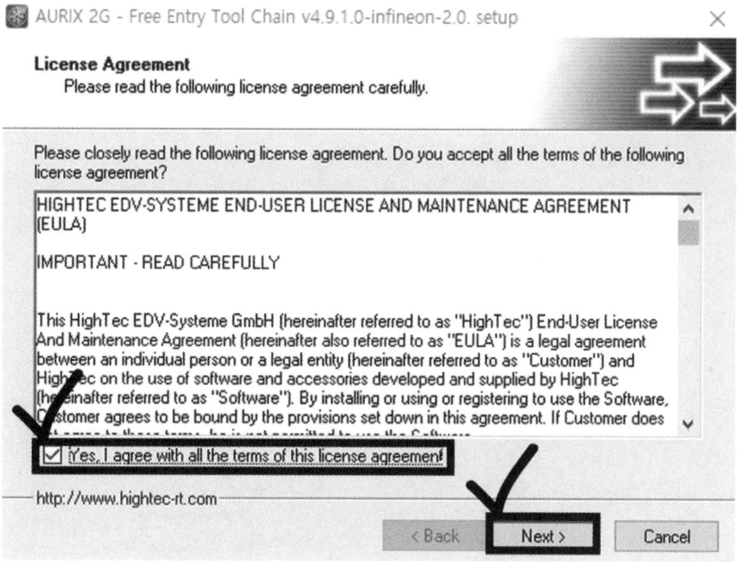

그림 2-16. UDE-STK 설치 과정 (2)

이제 그림 2-20까지의 과정대로 설치를 이어가면 된다.

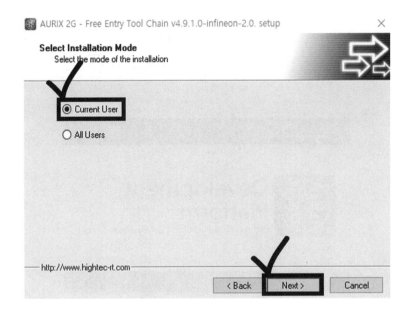

그림 2-17. UDE-STK 설치 과정 (3)

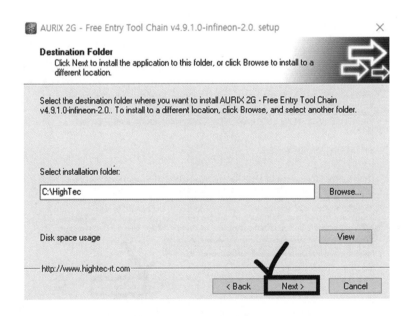

그림 2-18. UDE-STK 설치 과정 (4)

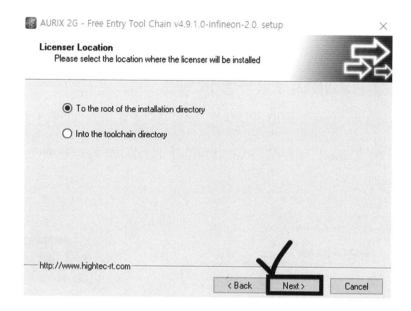

그림 2-19. UDE-STK 설치 과정 (5)

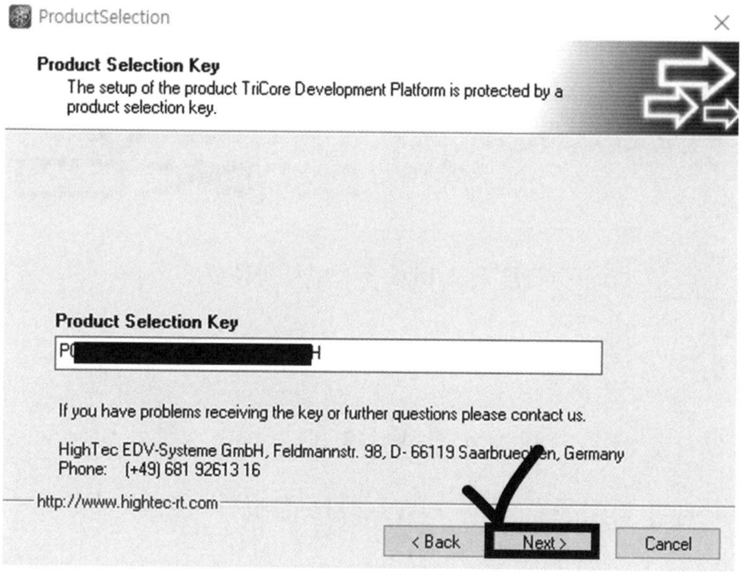

그림 2-20. UDE-STK 설치 과정 (6)

"Setup" 파일의 경로를 변경한 상태에서 실행하였다면, 그림 2-20에서 "Product Selection Key" 값이 자동으로 입력되지 않는다. 이 경우 문제가 발생할 수 있으므로 반드시 설치 파일의 경로를 그대로 유지해야 한다.

그림 2-20까지 제대로 따라왔다면, 그림 2-21과 같은 화면이 표시된다. 이때 반드시 "Cancel" 버튼을 눌러 컴파일러 설치 과정을 중단해야 한다.

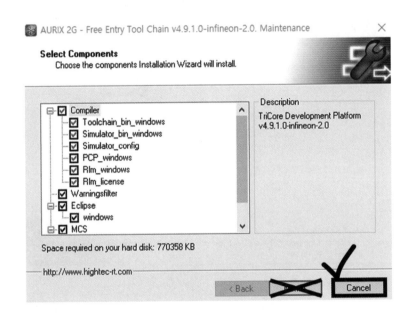

그림 2-21. UDE-STK 설치 과정 (7)

물론, 설치를 계속 진행하여 컴파일러 관련 프로그램도 함께 설치할 수 있다. 그러나 관련 라이선스 작업도 필요하므로 정상적으로 사용할 수는 없다. 본 교재에서는 실습에 필요한 UDE-STK를 설치하는 방법만 소개할 것이다.

컴파일러 설치 과정을 중단한 경우, 자동으로 UDE-STK 설치가 시작된다. UDE-STK 설치가 정상적으로 시작되었다면, 그림 2-22와 같은 화면이 표시되어 관련된 dll 파일들을 설치한다.

그림 2-22에서 그림 2-23과 같은 창으로 넘어간 다음, 일정 시간이 지나
면 UDE-STK 설치가 완료된다.

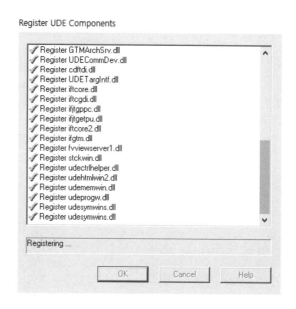

그림 2-22. UDE-STK 설치 과정 (8)

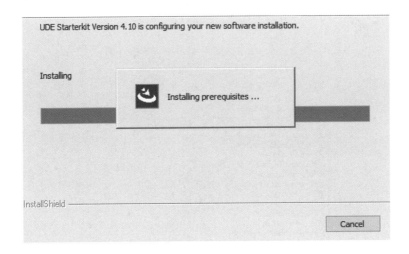

그림 2-23. UDE-STK 설치 과정 (9)

그림 2-24에 표시된 경로로 들어가 보면, "UDEVisualPlatform"이라는 프로그램이 설치되었음을 확인할 수 있다. 설치 경로는 그림 2-18에서 사용자가 설정한 정보에 따라 달라질 수 있다.

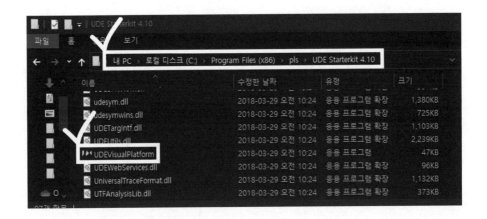

그림 2-24. UDE-STK 프로그램 경로 확인

다음으로, UDE-STK를 사용할 때 필요한 설정 과정을 살펴보도록 하겠다. 그림 2-24에서 확인할 수 있는 "UDEVisualPlatform"을 실행하면 된다.

2.2.4. UDE-STK 작업 환경 구성

편리하게 사용하기 위해 바탕화면에 UDE-STK의 바로가기 아이콘을 만드는 것이 좋다. 아이콘에서 우측 버튼을 누르면 메뉴 창이 표시되는데, "바로가기 만들기"를 클릭하면 된다. 맨 처음 UDE-STK를 실행하면 그림 2-25와 같은 화면이 표시된다.

그림 2-25. UDE-STK 초기 실행 화면

UDE-STK를 사용하려면, 기본적인 작업 환경을 구성해야 한다. 작업 환경은 어떤 타입의 MCU를 사용하는지에 따라 달라진다. 새롭게 작업 환경을 생성하기 위해 그림 2-26과 같이 UDE-STK 좌측 상단의 "File"을 누른 후, "New Workspace"를 누르면 된다.

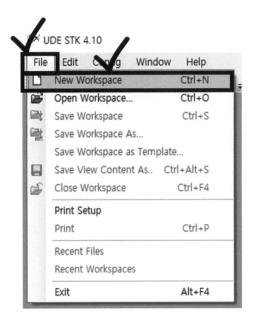

그림 2-26. UDE-STK 작업 환경 구성 방법 (1)

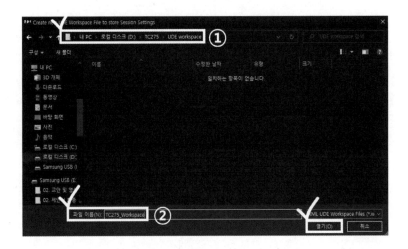

그림 2-27. UDE-STK 작업 환경 구성 방법 (2)

"New Workspace"를 누르면, 그림 2–27과 같은 창이 표시된다.

① 설정한 작업 환경 파일(wsx 파일)의 저장 경로를 선택하고,

② 원하는 작업 환경 이름을 설정하여 "열기" 버튼을 누르면 된다.

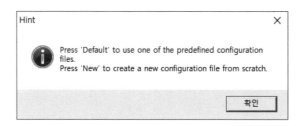

그림 2-28. UDE-STK 작업 환경 구성 방법 (3)

"열기" 버튼을 눌렀을 때, 그림 2-28과 같은 창이 표시될 경우 무시하고 넘기면 된다.

작업 환경 파일을 저장할 경로를 지정한 다음, 작업 환경에서 다루는 MCU의 타입을 결정해야 한다. 위의 과정을 거쳤다면 그림 2-29와 같은 "Select Target Configuration" 창이 표시된다.

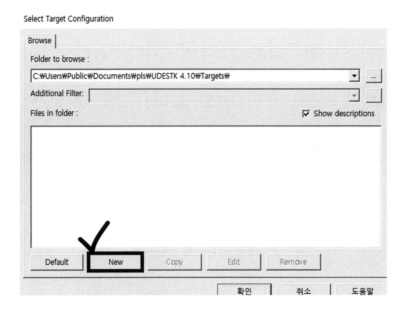

그림 2-29. UDE-STK 작업 환경 구성 방법 (4)

"Target"을 생성하기 위해 "New" 버튼을 누르면 된다. 실습에서 사용하는 TC275의 경우 "TC27xD Starterkit" 중에서 멀티코어 버전을 선택하면 된다. "TC27xD Starterkit"은 스크롤을 내리다 보면 찾을 수 있다. 비슷한 타입이 많으므로 신중하게 확인하길 바란다. 그림 2-30과 같이 설정한 후 "마침" 버튼을 누르면 된다.

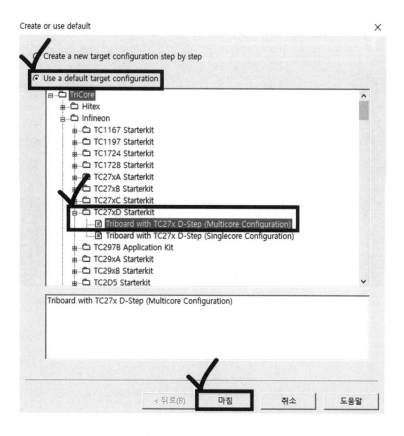

그림 2-30. UDE-STK 작업 환경 구성 방법 (5)

    이제 설정한 내용을 cfg 파일로 저장해야 한다. 그림 2-30에서 "마침" 버튼을 누르면 그림 2-31과 같은 창이 표시된다. 파일 이름을 "TriBoard_ TC27xD"로 설정하고 작업 환경 파일(wsx 파일)과 동일한 경로에 cfg 파일을 저장하면 된다. cfg 파일은 다운로드 및 디버깅을 수행할 MCU의 정보가 저장되어 있다.

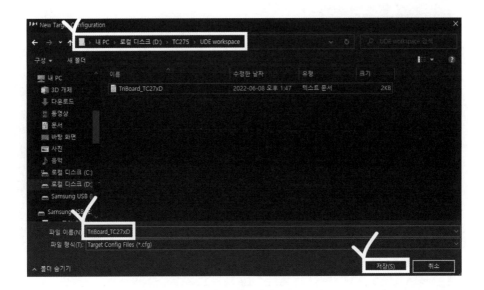

그림 2-31. UDE-STK 작업 환경 구성 방법 (6)

이제 모든 작업 환경 설정 과정이 끝났다. 그림 2-32와 같이 "Select Target Configuration" 창에서 새롭게 생성한 "Target"을 선택한 다음 "확인" 버튼을 누르면 된다.

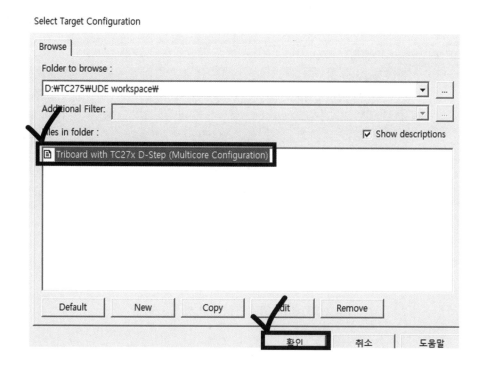

그림 2-32. UDE-STK 작업 환경 구성 방법 (7)

TC275에 전원을 인가한 상태에서 작업 환경으로 접근했을 때, 정상적으로 연결되었다면 그림 2-33과 같은 화면이 표시된다. 이미 이전에 생성하였던 작업 환경으로 접근하기 위해서는 좌측 상단의 "File"을 누른 다음, "Open Workspace"를 선택하면 된다.

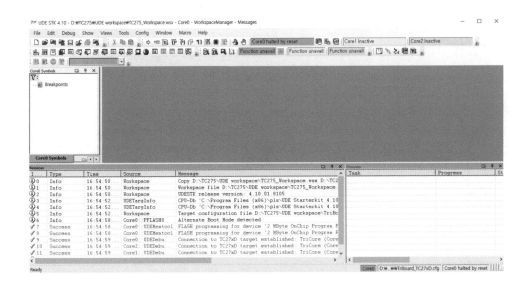

그림 2-33. UDE-STK 연결 성공 시 표시 화면

만약 연결에 실패하였다면, 장치 관리자의 "Port"에 "Infineon DAS JDS COM"이 정상적으로 표시되는지 확인해야 한다. 포트가 올바르게 연결되지 않았다면 UDE-STK를 설치할 때 드라이버 설치 여부를 확인해야 한다. Windows에서 정품 인증을 안 한 경우 연결이 안 될 수 있다. 그림 2-33은 연결이 올바르게 성공한 결과이다.

2.2.5. TC275 프로그램 다운로드

마지막으로, 예제 파일을 TC275에 직접 삽입할 것이다. 그 전에 실습에서 자주 사용할 제어 도구를 간단하게 살펴보겠다.

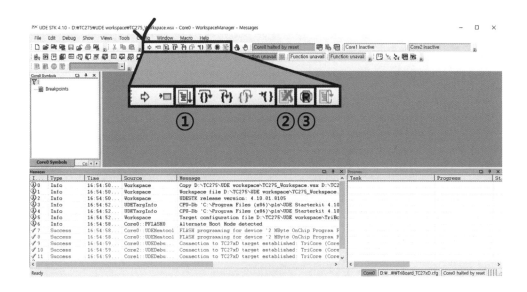

그림 2-34. UDE-STK 일부 제어 도구 소개

① 해당 버튼을 누르면 TC275가 메모리에 저장된 프로그램을 읽어 들여 실행하도록 명령을 내릴 수 있다. 프로그램을 메모리에 삽입한 후, 반드시 이 버튼을 눌러줘야 정상적으로 동작할 수 있다. 단축키는 "F5"이다.

② 해당 버튼을 누르면 프로그램 실행 도중 일시 정지할 수 있다. 통상적으로 "프로그램에 Break를 건다"라고 표현한다.

③ 해당 버튼을 누르면 전체 실행 과정을 초기화하여 프로그램의 처음부터 다시 실행한다. TC275의 "Reset 스위치"와 동일한 역할이다.

프로그램을 삽입하기 위해서는 그림 2-35와 같이 UDE-STK 좌측 상단의 "File" 메뉴에서 "Load Program"을 선택하면 된다.

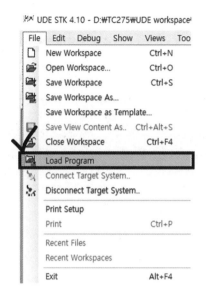

그림 2-35. TC275 프로그램 삽입 과정 (1)

다음으로 Github에서 제공하는 "TC275_Test_Program.elf"를 선택하면 된다. 프로그램 다운로드 과정을 확인하기 위해 그림 2-36과 같이 설정하길 바란다.

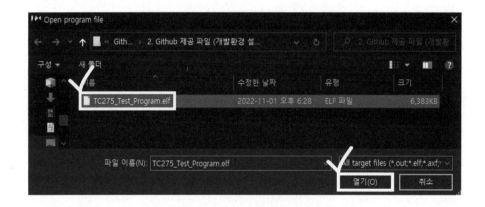

그림 2-36. TC275 프로그램 삽입 과정 (2)

알맞은 elf 파일을 선택한 후 "열기" 버튼을 누르면, 그림 2-37과 같은 창이 표시된다.

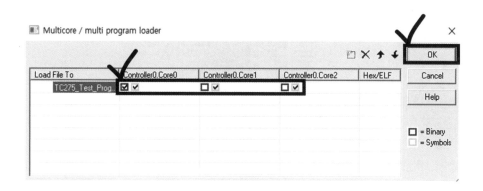

그림 2-37. TC275 프로그램 삽입 과정 (3)

해당 창은 각 코어의 플래시 메모리에 대한 "Binary/Symbol" 여부를 결정할 수 있다. "Binary"는 컴파일 과정을 통해 얻을 수 있는 기계어를 의미하고, "Symbol"은 디버깅을 위해 C언어 코드와 기계어 간 연결점을 정의한 데이터를 의미한다. 보통 hex 파일이나 elf 파일 등은 "Binary"와 "Symbol"을 함께 포함하고 있다.

TC275는 코어들이 하나의 플래시 메모리를 공유하므로 "Core 0~2" 중에서 한 가지만 "Binary" 및 "Symbol"을 둘 다 선택하면 된다. 그림 2-37과 같이 설정한 다음, "OK" 버튼을 누르면 그림 2-38과 같은 창이 화면에 표시된다.

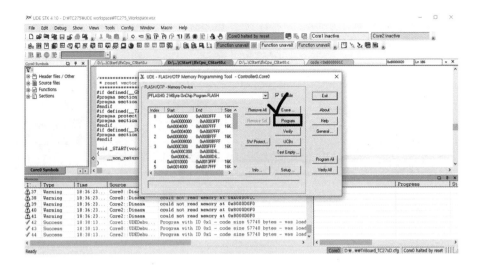

그림 2-38. TC275 프로그램 삽입 과정 (4)

해당 창에서 "Program" 버튼을 누르면 본격적으로 플래시 메모리에 선택한 프로그램을 삽입하게 된다.

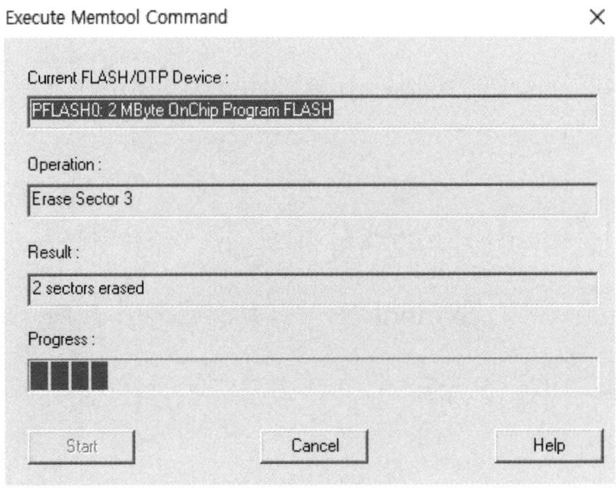

그림 2-39. TC275 프로그램 삽입 과정 (5)

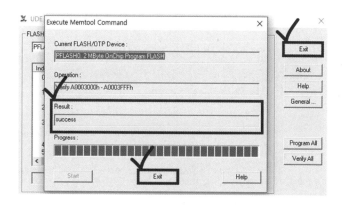

그림 2-40. TC275 프로그램 삽입 과정 (6)

그림 2-40과 같이 "Result"가 "Success"로 표시된다면 성공적으로 프로그램을 TC275에 삽입한 것이다. 이제 "Exit" 버튼을 차례대로 눌러 해당 창을 빠져나가면 된다. 창을 닫는 과정에서 그림 2-41과 같은 창이 표시된다면 무시하고 "취소" 버튼을 누르면 된다.

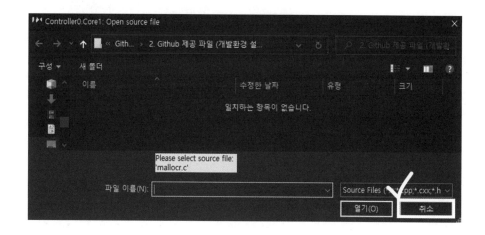

그림 2-41. TC275 프로그램 삽입 과정 (7)

TC275에 프로그램을 삽입하기 위한 모든 과정이 끝났다. 관련 창을 모두

닫으면, UDE-STK 메인 화면에 그림 2-42와 같이 표시됨을 확인할 수 있
다. 이제 상단의 프로그램 시작 버튼을 누르거나, 단축키 "F5"를 눌러 TC275
에서 결과를 확인하면 된다.

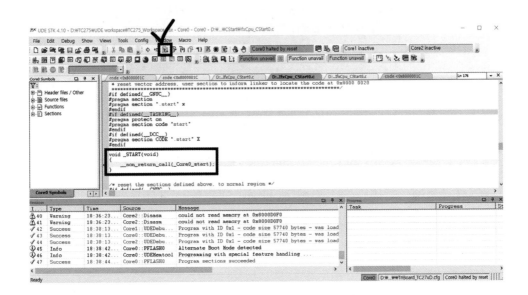

그림 2-42. TC275 프로그램 삽입 과정 (8)

TC275의 LCD에 그림 2-43과 같이 흰색 바탕이 표시된다면, 프로그램
이 정상적으로 동작한 것이다.

그림 2-43. 예제 프로그램의 LCD 출력 결과

테스트용으로 제공한 예제는 TC275의 "① 스위치 4번"을 누르는 동안만 "② LED 7번"의 불이 켜지는 프로그램이다. 스위치 4번을 직접 눌러 그림 2-44와 동일한 결과가 나오는지 확인해보길 바란다.

그림 2-44. 예제 프로그램의 TC275 출력 결과

2.3. 기타 프로그램 설치 방법

2.3.1. Tera Term

1) 프로그램 소개

Tera Term은 대표적인 단말 에뮬레이터로, 자유롭게 통신 인터페이스를 설정할 수 있는 소프트웨어이다. 모든 시리얼 통신 과정에서 데이터를 확인하기 위해 Tera Term을 이용할 것이다.

2) 프로그램 설치

그림 2-45와 같이 "https://osdn.net/projects/ttssh2/releases/"에서 Tera Term 설치 파일을 다운하면 된다. 실습에서는 Tera Term 4.106 버전을 사용할 것이다.

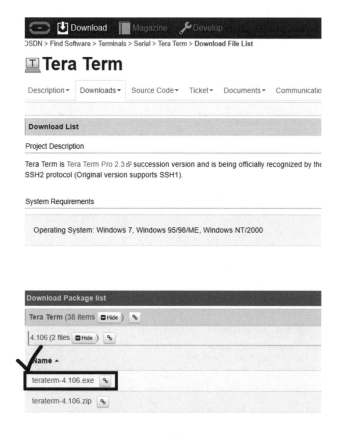

그림 2-45. Tera Term 설치 파일 다운로드 방법

　설치 파일을 실행한 후, 하위 그림들을 참고하여 기본 옵션 그대로 설치를 진행하면 된다.

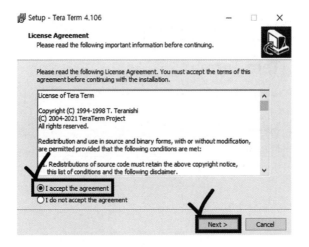

그림 2-46. Tera Term 설치 과정 (1)

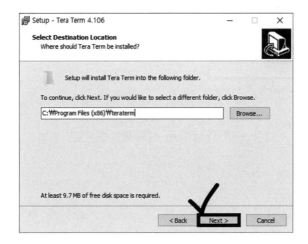

그림 2-47. Tera Term 설치 과정 (2)

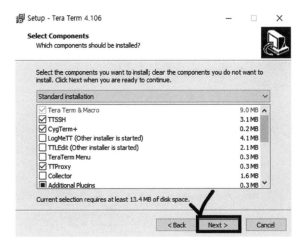

그림 2-48. Tera Term 설치 과정 (3)

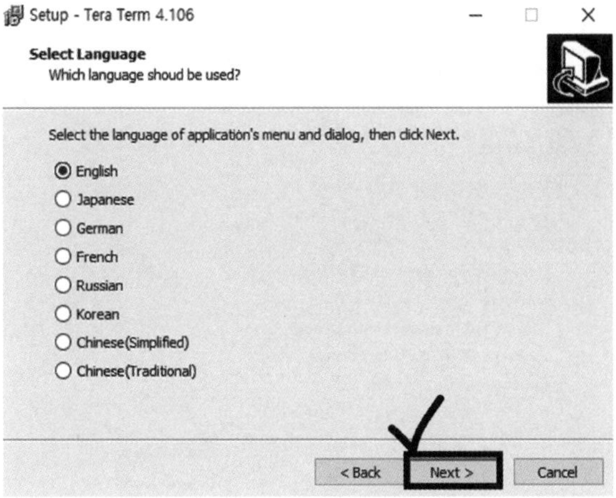

그림 2-49. Tera Term 설치 과정 (4)

그림 2-50. Tera Term 설치 과정 (5)

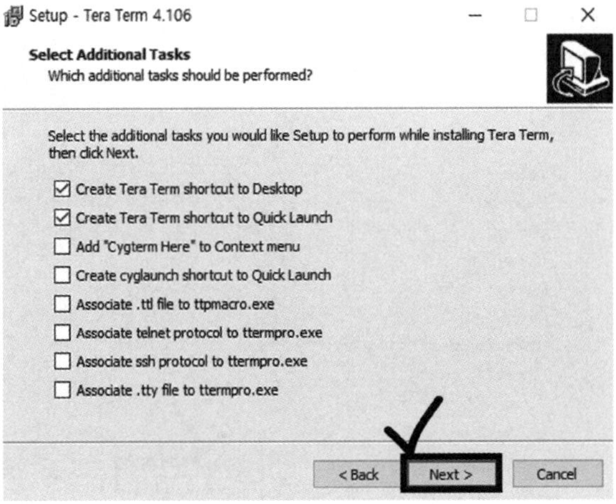

그림 2-51. Tera Term 설치 과정 (6)

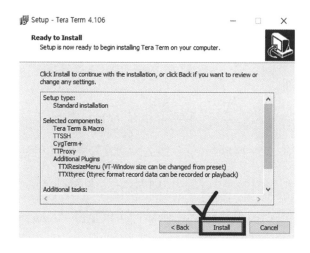

그림 2-52. Tera Term 설치 과정 (7)

설치가 완료되었다면, 작업 표시줄의 검색 창에 "Tera Term"을 검색하면
된다. 그림 2-53과 같이 표시될 경우, 정상적으로 설치된 것이다.

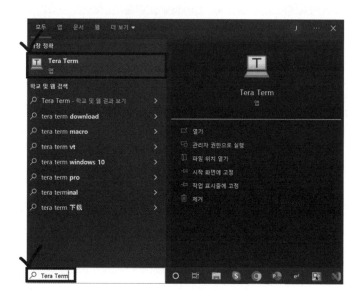

그림 2-53. Tera Term 설치 확인

2.3.2. PCAN-View

1) 프로그램 소개

PCAN-View는 CAN 통신 메시지 분석, 전송, 기록 등의 작업을 수행할 수 있는 모니터링 소프트웨어이다. CAN 통신을 사용하는 모든 실습에서 TC275에 PCAN 장치를 연결하여 메시지를 실시간으로 확인할 것이다. PCAN 장치를 사용하려면 전용 드라이버 및 PCAN-View를 설치해야 한다.

2) 프로그램 설치

"https://www.peak-system.com/PCAN-View.242.0.html?&L=1"에서 그림 2-54와 같이 PCAN-View를 다운로드하면 된다.

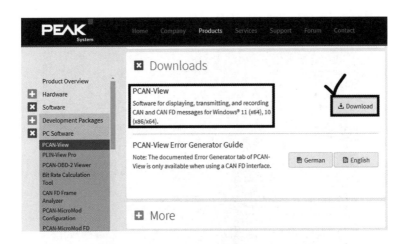

그림 2-54. PCAN-View 다운로드 방법

그림 2-55. PCAN-View exe 파일 확인

"pcanview" 파일의 압축을 해제하면, 그림 2-55와 같이 "PCAN-View. exe" 파일이 포함된 것을 확인할 수 있다. 앞으로 CAN 통신 관련 실습을 진행할 때, 해당 파일을 그대로 사용하면 된다.

아직 PCAN 장치를 사용하기 위한 기본 설정이 끝나지 않았다. 소프트웨어만으로는 PCAN 장치를 정상적으로 사용할 수 없기 때문에, 장치의 USB 케이블을 컴퓨터가 인식할 수 있도록 전용 드라이버를 설치해야 한다.

"https://www.peak-system.com/PCAN-USB-Pro-FD.366.0.html?&L=1"에서 그림 2-56과 같이 OS 환경에 맞는 전용 드라이버 설치 파일을 다운로드하면 된다.

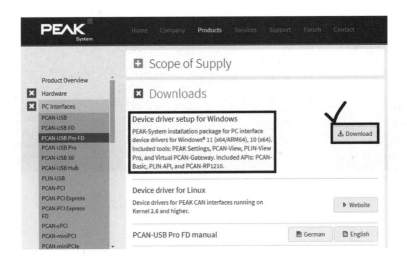

그림 2-56. PCAN 전용 드라이버 설치 파일 다운로드 방법

그림 2-57. PCAN 전용 드라이버 설치 파일 확인

전용 드라이버 설치 파일의 압축을 해제하면, 그림 2-57과 같이 "Pea-kOemDrv" 파일을 확인할 수 있다. 해당 파일을 실행하고, 하위 그림들을 참고하여 기본 옵션 그대로 설치를 진행하길 바란다.

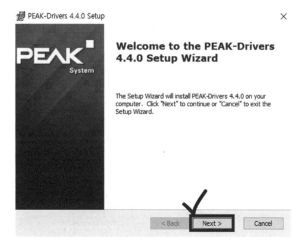

그림 2-58. PCAN 전용 드라이버 설치 과정 (1)

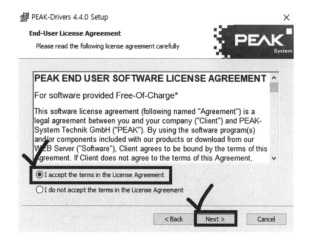

그림 2-59. PCAN 전용 드라이버 설치 과정 (2)

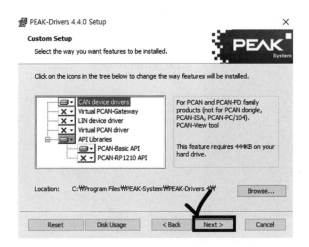

그림 2-60. PCAN 전용 드라이버 설치 과정 (3)

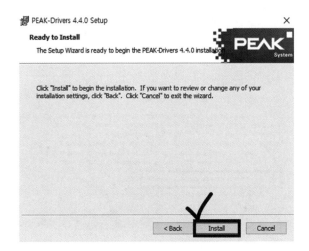

그림 2-61. PCAN 전용 드라이버 설치 과정 (4)

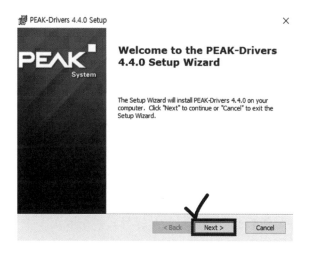

그림 2-62. PCAN 전용 드라이버 설치 과정 (5)

전용 드라이버까지 설치했다면, PCAN 장치를 컴퓨터에 연결한 후 장치 관리자에서 CAN 채널이 인식되는지 확인해야 한다. 실습에서 사용하는 PCAN 장치는 그림 2-63과 같다.

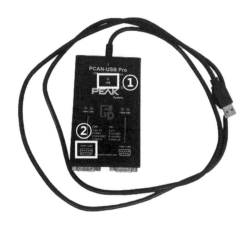

그림 2-63. PCAN 장치 소개

① 컴퓨터와 연결할 수 있는 USB 케이블이 PCAN 장치에 연결되어 있어, 별도의 USB 변환기가 필요 없다.

② PCAN 장치는 2개의 CAN 채널이 존재하는데, 실습에서 주로 사용할 포트는 CAN 1번 채널이다. 실습을 진행할 때 "CAN1/LIN1"이라고 쓰여있는 포트에 CAN 버스 케이블을 연결하면 된다.

PCAN 장치를 컴퓨터에 연결했을 때, 장치 관리자에 그림 2-64와 같이 표시된다면 정상적으로 PCAN 장치가 인식되는 것이다.

그림 2-64. PCAN 장치 인식 확인 (장치 관리자)

2.3.3. WireShark

1) 프로그램 소개

WireShark는 Ethernet 프레임을 직접 확인하고, 분석할 수 있는 소프트웨어이다. Ethernet 통신을 사용하는 모든 실습에서 TC275와 컴퓨터를 Ethernet 케이블로 연결하고, Ethernet 프레임을 실시간으로 확인할 것이다. 본 단원에서는 WireShark 설치 과정만 설명하고, 부가적인 설정 방법은 해당 실습에서 다시 다룰 것이다.

2) 프로그램 설치

WireShark 설치 파일은 "https://www.wireshark.org/"에서 다운할 수 있다.

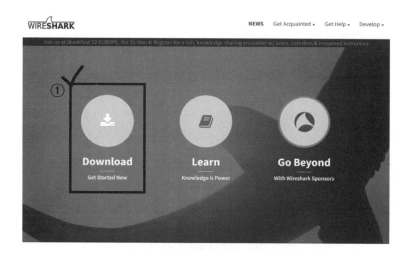

그림 2-65. WireShark 홈페이지 화면

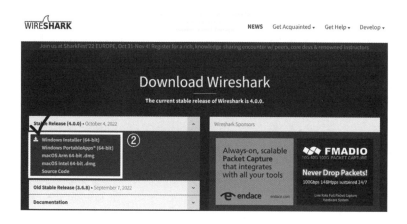

그림 2-66. WireShark 다운로드 사이트 화면

① 위에서 소개한 홈페이지에 접속하면, 그림 2-65와 같은 화면이 표시된다. 좌측의 "Download" 버튼을 누르면 된다.

② 그림 2-66과 같은 페이지로 넘어가서 설치 파일을 다운하면 된다. 본 교재에서는 Windows 환경에 맞춰 실습을 진행할 것이고, 다른 환경(Ubuntu, macOS 등)을 사용할 경우, 그에 맞춰 알맞은 프로그램을 설치하면 된다.

그림 2-67. WireShark 설치 파일 확인

그림 2-67에 표시된 WireShark 설치 파일을 실행하면 그림 2-68과 같은 창이 표시된다. 하위 그림들을 참고하여 설치를 진행하면 된다.

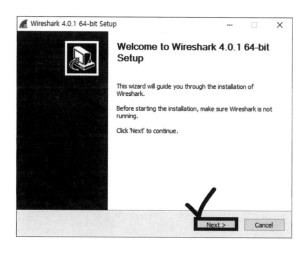

그림 2-68. WireShark 설치 과정 (1)

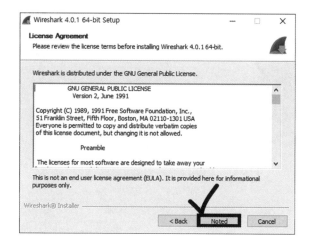

그림 2-69. WireShark 설치 과정 (2)

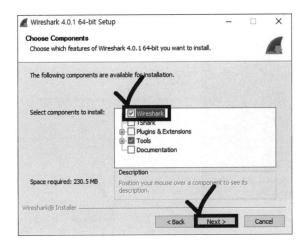

그림 2-70. WireShark 설치 과정 (3)

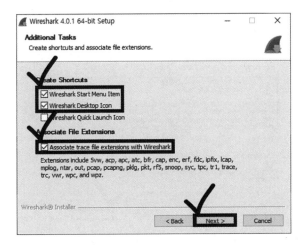

그림 2-71. WireShark 설치 과정 (4)

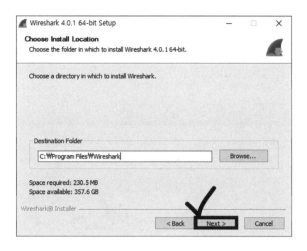

그림 2-72. WireShark 설치 과정 (5)

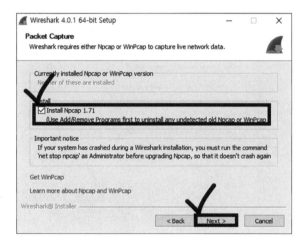

그림 2-73. WireShark 설치 과정 (6)

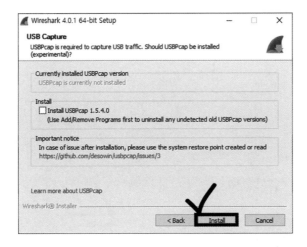

그림 2-74. WireShark 설치 과정 (7)

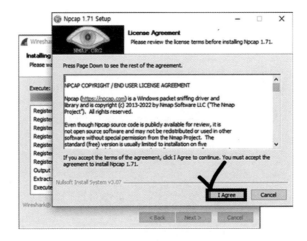

그림 2-75. WireShark 설치 과정 (8)

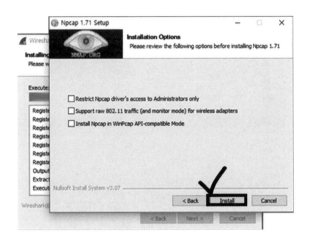

그림 2-76. WireShark 설치 과정 (9)

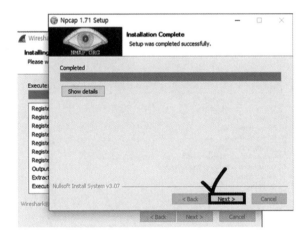

그림 2-77. WireShark 설치 과정 (10)

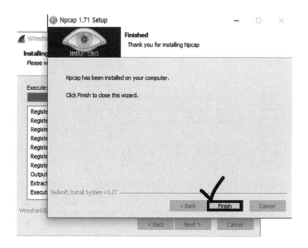

그림 2-78. WireShark 설치 과정 (11)

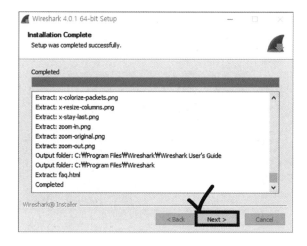

그림 2-79. WireShark 설치 과정 (12)

그림 2-80. WireShark 설치 과정 (13)

2.3.4. WinPcap

1) 프로그램 소개

실습용 GUI를 실행하기 위해 부가적으로 설치할 파일이 있다. 해당 파일이 컴퓨터에 설치되어 있지 않을 경우, GUI를 실행할 때 오류가 발생한다.

2) 프로그램 설치

Github에서 제공하는 "WinPcap_4_1_3.exe" 파일을 다운로드하고, 실행하면 된다.

그림 2-81. WinPcap 설치 파일 확인

하위 그림들을 참고하여 설치를 진행하길 바란다.

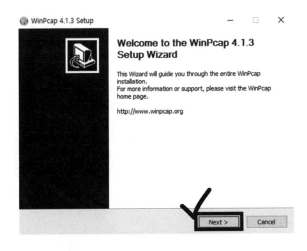

그림 2-82. WinPcap_4_1_3 설치 과정 (1)

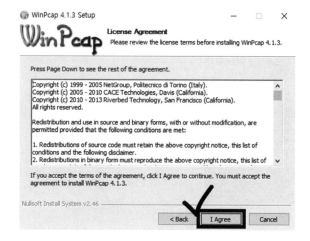

그림 2-83. WinPcap_4_1_3 설치 과정 (2)

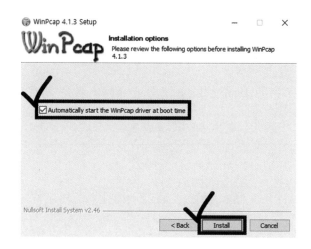

그림 2-84. WinPcap_4_1_3 설치 과정 (3)

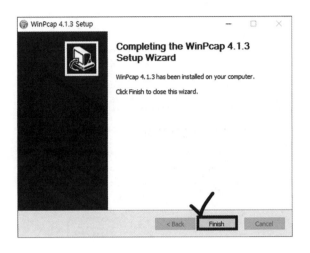

그림 2-85. WinPcap_4_1_3 설치 과정 (4)

혹시 해당 프로그램을 설치하더라도 GUI를 실행할 때 문제가 발생한다면, 별도로 제공하는 "wpcap.dll"을 그림 2-86과 같은 경로에 삽입한다.

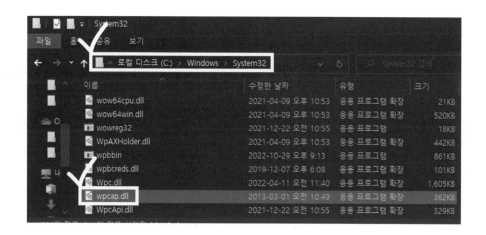

그림 2-86. wpcap.dll 파일 삽입 방법

지금까지 교재 실습과 관련된 모든 프로그램의 설치 과정을 살펴보았다. 이후의 실습을 진행하기 위해서는, 반드시 설치해야 하는 프로그램이므로 하나도 빠짐없이 설치 완료하고 넘어가길 바란다.

3.
CAN 통신

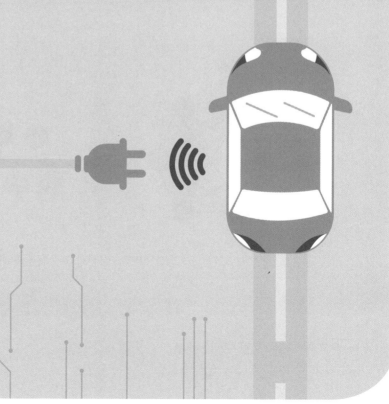

3.1

개요

CAN은 1986년 초기 표준이 제정된 이후 차량 네트워크에서 주로 사용되는 버스형 통신 방법이다. CAN이 지금까지 꾸준히 사용되는 이유는 차량의 특성을 잘 반영했다는 점과 이미 차량용 네트워크로서 제대로 동작한다는 것이 검증되었기 때문이다.

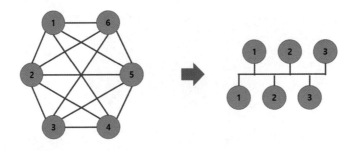

그림 3-1. 일대일(PTP) 통신과 버스 통신의 비교

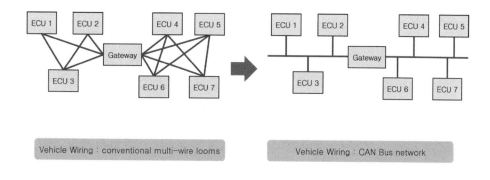

그림 3-2. 기존 차량 네트워크와 CAN 버스 기반 차량 네트워크의 비교

CAN에서는 각 ECU 간의 연결을 일대일(PTP) 방식이 아닌 버스 방식으로 구성하여 정보를 주고받는다. 그림 3-1, 3-2를 통해 좀 더 구체적인 내용을 살펴보면 일대일 통신의 경우 배선이 복잡하나, CAN과 같은 버스형 연결은 배선이 간단하다. 위와 같은 변화는 단순 시각적인 부분뿐만 아니라 차량의 중량에도 많은 영향을 끼치게 된다. CAN을 처음 도입한 BMW 850의 경우, 배선의 길이가 2km 줄어들고, 이로인해 차량의 중량이 50kg 줄어드는 큰 효과를 보았다. CAN 버스형 통신 방법에 대한 특징은 다음과 같다.

1) 멀티 마스터 방식

한 쌍의 꼬인 구리 선으로 구성된 CAN 버스에서는 연결된 여러 대의 ECU 노드 모두가 마스터로서 동작할 수 있다. CAN 버스 기반의 지역 네트워크는 분산형 네트워크로서, ECU 노드 중 일부에 문제가 생기더라도 정상적인 통신이 가능하다. 또한, 버스에 연결된 모든 ECU 노드들은 버스 통신을 위한 약속을 어기지 않는다면 다른 노드들의 승인 없이 메시지의 전송이 가능하다.

2) CSMA/CR

버스형 통신 기반 프로토콜들은 복수의 노드로부터 발생하는 트래픽 충돌에 대한 해결 방법을 갖고 있다. CAN의 경우 CSMA/CR 방식으로 충돌을 해결한다. CSMA/CR은 다수의 노드가 하나의 버스에 연결될 때, 노드마다 각각 버스 상태를 감지하여 다른 노드의 버스 사용 유무를 확인하고, 해당 노드의 버스 사용이 끝날 때까지 메시지를 전송하지 않고 기다림으로써, 노드 간 충돌이 발생하지 않도록 한다.

3) 메시지 ID

CAN은 메시지를 지향하는 프로토콜이다. 메시지 ID를 통해 메시지의 우선순위와 메시지가 담고 있는 정보의 유형을 알 수 있다. CAN 버스에 연결된 복수의 노드가 동시에 메시지를 전송하려 할 때, 메시지 ID를 통해 우선순위를 할당하고, 가장 높은 우선순위의 메시지를 전송하려는 노드에 우선권을 부여한다.

4) 버스 확장성

CAN 버스에 연결된 노드들은 버스에서 전송되는 메시지의 ID를 읽고 판단함으로써, 해당 메시지에 대한 수신 여부를 결정할 수 있다. 따라서 노드의 주소라는 개념이 없고, CAN 버스에 연결되는 노드 개수에 제한이 없어 쉽게 버스를 확장할 수 있다.

5) 오류 검출 및 처리방식

CAN은 자체적으로 오류를 감지하는 장치가 있고 오류 감지 시 자동으로 오류 알림 메시지를 전송하기 때문에 오류 발생 이후 복구 과정까지 오랜 시간이 걸리지 않아 안정적이다.

이번 단원에서는 CAN의 핵심 내용을 살펴보고, 이를 바탕으로 한 실습을 진행함으로써 전반적인 CAN 통신 체계를 이해하고자 한다.

3.2

━━

배경지식

3.2.1. CAN 프로토콜 통신 계층

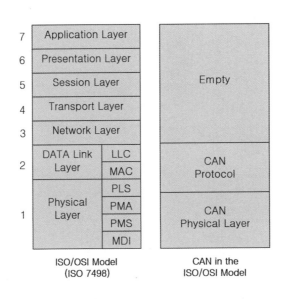

그림 3-3. ISO 모델과 CAN의 계층 구조

CAN은 기본적으로 지역 네트워크이기 때문에 ISO 7계층 중에 물리 계층과 데이터 링크 계층에만 대응하는 표준을 갖는다. "CAN Physical Layer"는 비트 스트림의 처리방식, Physical Medium 정보를 전달하는 매체의 종류, 각 비트를 표시하는 방식 등에 관한 내용을 정의한다.

"CAN Physical Layer"의 정보 전송 매체인 MDI는 CAN에서 사용되는 통신 매체인 구리 선과 관련한 규약을 주로 다룬다. 해당 매체는 어떤 구리 선을 사용할 것인지와 구리 선에 연결되는 커넥터의 방식 등에 관한 내용을 담고 있다.

응용프로그램에 특화된 규약인 PMS는 CAN 물리 계층에서 별도로 정의하지 않는다. 전송 매체(CAN의 경우 구리 선)의 접속 방식에 대한 PMA는 CAN 트랜시버와 관련된 규약이다. HS-CAN, LS-CAN, SW-CAN의 특성에 따라 준수해야 하는 내용을 정의하며 뒤에서 더욱 자세히 설명하겠다.

"CAN Protocol"은 에러 탐지방식, 흐름 제어 방식에 관한 규약인 데이터 링크 계층(2계층)에 해당한다. 정보 전송 방식에 대한 PLS는 LAN에 대한 OSI 7계층에서 물리 계층에 속하지만, CAN 모델에서는 2계층인 "CAN Protocol"에 포함된다. PLS는 비트 표현 방식과 비트 동기화 방식에 관한 규약이다.

LLC는 어떤 메시지가 구리 선에 흐를 때, 해당 메시지에 대한 수신 여부를 판단하는 메시지 필터링, 특정 ECU가 메시지를 수신하는 데 있어 전송 속도가 너무 빠른 경우에 전송하는 오버로드 프레임, 오류 발생 시 정상적인 통신 재개를 위한 에러 복구 프로세스 등에 관한 규약이다.

마지막으로, MAC 보조 계층은 CAN 메시지의 틀을 만드는 메시지 프레이밍, 메시지 충돌 시 중재 및 조정, 메시지 수신을 확인하는 ACK, 오류 탐지 방법 및 탐지 시 알리는 방법 등에 관한 규약이다.

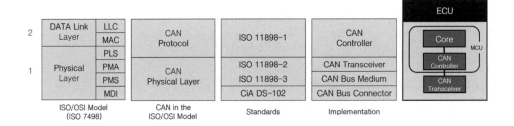

그림 3-4. ISO 모델과 CAN 표준

"CAN Protocol"의 내용은 ISO 11898−1 국제 표준 규약으로 정해져 있고, 이를 바탕으로 만든 하드웨어 모듈이 CAN 컨트롤러이다. CAN 컨트롤러는 MCU 안에 내장된다. CAN 물리 계층에 대응하는 CAN 트랜시버는 통신 방식(HS−CAN, LS−CAN, SW−CAN)에 따라 설계된다. HS−CAN 트랜시버의 경우, "ISO 11898−2", LS−CAN 트랜시버의 경우, "ISO 77898−3", SW−CAN의 경우, "SAE J2411" 기준으로 구현된다.

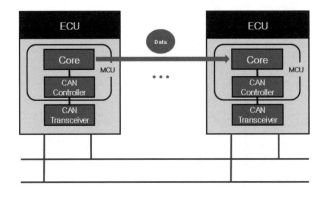

그림 3-5. ECU 간 CAN 통신 방법

CAN에서 서로 다른 ECU가 정보를 주고받을 때, 한 쌍의 구리 선으로 구성된 CAN 버스에 각 ECU의 CAN 트랜시버가 연결된다. 메시지를 전송하는 ECU의 CAN 컨트롤러는 코어로부터 받은 데이터를 CAN 국제 표준에 따라 헤더와 테일을 덧붙여 포장하고, 이러한 CAN 프레임을 CAN 트랜시버에 전달한다. CAN 트랜시버는 전달받은 프레임에 따라 구리 선에 전압을 인가하는 방식으로 전송한다. 메시지를 수신하는 ECU의 CAN 트랜시버는 구리 선에 인가된 전압을 해석하여 얻은 프레임을 CAN 컨트롤러로 전달한다. CAN 컨트롤러는 전달받은 프레임을 국제 표준 규약에 따라 각각의 정보로 분리하여 코어에 전달한다. 각 단계는 계층적으로 구분되어 있으므로, 코어 입장에서는 CAN 컨트롤러나 CAN 트랜시버가 어떠한 과정을 거치는지 확인할 필요가 없으며, 단순히 프레임만을 송/수신하면 된다.

3.2.2. CAN 물리 계층

앞서 설명한 바와 같이, CAN에서는 통신 속도에 따라 CAN 트랜시버와 네트워크의 구조가 달라진다.

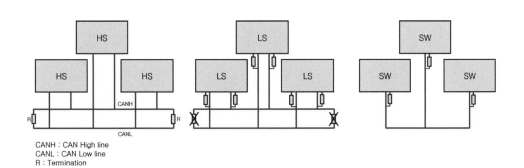

그림 3-6. CAN 통신 물리 계층

HS-CAN은 가장 보편적으로 많이 사용하는 방식으로, 차폐되지 않고 꼬인 두 줄의 구리 선으로 구성된다. 정보를 읽을 때는 하나의 구리 선인 CANH와 다른 구리 선인 CANL의 전압 차를 이용한다. 두 구리 선 간의 전압 차를 이용하여 정보를 읽기 때문에 외부의 노이즈에 더 강한 특성이 있으며, 이를 Differential 방식이라고 칭한다.

HS-CAN은 최대 1Mbps의 전송률을 지원하는데, 실제 차량에서는 1Mbps의 절반인 500Kbps를 주로 사용한다. 500Kbps를 사용하면 전송률은 낮아지지만, 신뢰성을 확보하기에 유리하기 때문이다. HS-CAN 버스의 양 끝단에 한 개씩 120ohm의 종단 저항이 연결된다.

LS-CAN은 HS-CAN과 같이 차폐되지 않고 꼬인 두 줄의 구리 선으로 구성되지만, 버스 양끝단에 종단 저항이 없고 ECU마다 두 개의 저항을 연결한다. 따라서 구리 선 중 어느 한쪽이 끊어져도 정상 통신이 가능하다. LS-CAN은 최대 125Kbps의 전송률을 지원한다.

SW-CAN은 구리 선 한 줄로 버스가 구성된다. 별도의 종단 저항이 존재하지 않고, 각각의 ECU마다 저항을 하나씩 연결한다. 다른 두 방식처럼 서로 다른 구리 선의 전압 차를 이용하여 정보를 읽는 것이 아닌, 오직 CANH의 전압만을 이용하여 정보를 읽는다. 최대 속도는 일반 모드일 때 33.3Kbps이고, 진단 모드일 때 83.3Kbps를 지원한다. SW-CAN은 가격이 저렴하다는 특징을 갖지만 잘 사용하지 않는다.

HS-CAN과 LS-CAN은 전압 차를 통해 정보를 읽어내며, 이 방식은 노이즈에 강하다. 외부에서 노이즈가 들어오면 두 개의 구리선은 유사한 영향을 받게 된다.

따라서 CANH와 CANL의 전압 차($V_{CANH} - V_{CANL}$)와 노이즈가 합해진 전압

차$((V_{CANH} - \Delta V_{CANL}) - (V_{CANH} - \Delta V_L))$가 거의 동일한 값을 갖는다.

$$\rightarrow ((V_{CANH} - V_{CANL} \cong (V_{CANH} + \Delta V_H) - (V_{CANH} - \Delta V_L))$$

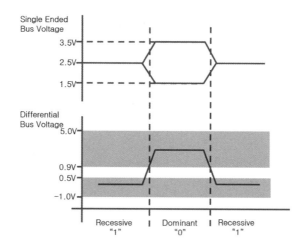

그림 3-7. CAN 버스 우성 및 열성

HS-CAN에서 CANH는 2.5V에서 3.5V 사이의 전압을 갖고, CANL는 1.5V에서 2.5V의 전압을 갖는다. CAN 트랜시버는 두 구리 선의 전압차가 0.9V 이상이면 '0'(우성), 0.5V 이하이면 '1'(열성)로 인식한다. 논리값인 '0'과 '1'을 각각 우성, 열성으로도 표현하는 이유는 CAN 버스에 복수의 ECU가 동시에 메시지를 보낼 때, 우성인 '0'을 가장 먼저 보낸 ECU가 버스를 점유하기 때문이다. 이는 ID를 통한 메시지 간 우선순위 경쟁과 관련이 있는데, ID 값이 낮을수록 높은 우선순위를 가지며, ID 값을 이진수로 변환하였을 때 우성인 '0'이 먼저 나온다.

3.2.3. CAN 메시지 프레임

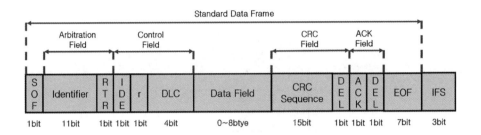

그림 3-8. CAN 메시지 프레임 구조

CAN 데이터 프레임은 데이터 앞/뒤로 헤더와 테일을 붙인 형태로 그림 3-8과 같이 구성된다.

1) SOF

SOF는 프레임의 시작을 알리는 1비트이며, '0'의 고정된 값으로 구성된다. 보통 CAN 버스에 어떠한 프레임도 전송되지 않을 때, 구리 선은 '1'을 유지한다. 따라서 CAN 프레임이 시작될 때, SOF로 인해 하강 에지가 발생하며, 모든 ECU가 NRZ 방식으로 타이밍을 맞춘다.

2) "Arbitration Field"

해당 필드는 11비트의 IDE와 1비트의 RTR로 구성된다. IDE는 메시지의 ID를 담고 있는 필드로, 해당 메시지에 포함된 정보의 유형을 나타냄과 동시에, 우선순위에 따라 버스에서 발생할 수 있는 메시지 간 충돌을 해결할 수 있다. ID는 상위 7비트가 전부 '1'인 경우(111 1111 XXXX)를 제외하고, 총 2,032가지의 값을 사용할 수 있다.

RTR은 해당 프레임의 특성을 구분하는 용도로, 해당 값이 '0'일 때 데이터 프레임, '1'일 때 리모트 프레임으로 구분한다. 동일 ID에 대해 데이터 프레임과 리모트 프레임이 경쟁하는 경우, 데이터 프레임이 우선권을 가진다. 리모트 프레임은 필요한 정보를 요청하기 위한 용도로, 데이터 없이 헤더와 테일만으로 구성된 프레임을 의미한다.

3) "Control Field"

해당 필드는 1비트의 r 및 IDE, 4비트의 DLC로 구성된다. DLC는 데이터의 길이를 나타내는 필드로, '0'부터 '8'까지 사용할 수 있다. IDE는 ID 확장 여부를 결정하는 비트이다. IDE를 '1'로 설정할 경우, 총 29비트의 확장된 ID를 사용할 수 있다. r은 추후 프레임 확장을 위해 남겨둔 필드이다.

4) "Data Field"

해당 필드는 최대 8바이트의 데이터로 구성된다. 하나의 바이트는 무조건 MSB부터 LSB 순으로 전송하는데, 여러 바이트를 전송할 때는 Endianness에 따라 전송 순서가 달라진다. Big Endian(Motorola Mode) 방식일 경우, 상위 바이트에 대한 정보부터 전송하고, Little Endian(Intel Mode) 방식일 경우, 하위 바이트에 대한 정보부터 전송한다.

5) "CRC Field"

해당 필드는 15비트의 "CRC Sequence"와 1비트의 DEL로 구성된다. CRC Sequence는 CAN 컨트롤러에서 계산하며, 오류를 검출하는 용도이다. SOF부터 "Data Field"까지의 비트열에 15비트의 '0'을 추가하고, '0xC599

(=0b1100010110011001)' 값으로 나눴을 때, 나머지 15비트의 값이 CRC Sequence 로 결정된다. 프레임을 수신한 ECU는 해당 값이 0일 경우 오류가 없다고 판단한다. CAN 통신에서는 해당 필드를 이용하여 최대 5비트까지의 비트 오류를 검출할 수 있다. DEL은 논리값 '1'로 "CRC Field"의 끝을 구분하는 용도이다.

6) "ACK Field"

해당 필드는 1비트의 ACK와 1비트의 DEL로 구성된다. 메시지를 전송하는 ECU는 해당 필드의 비트 타이밍 동안 메시지를 전송할 수 없다. 해당 필드는 수신 측 ECU가 정상 수신 여부를 송신 측 ECU에 알리는 용도로 사용된다. ECU가 프레임을 정상적으로 수신했다면, ACK 타이밍에 '0'을, 오류가 발생했다면 '1'을 전송한다. DEL은 논리값 '1'로 "ACK Field"의 끝을 구분하는 용도이다. 즉, 전송하는 ECU는 해당 필드 동안 전송을 멈추고, 2비트 동안 CAN 버스의 상태를 읽으며 오류 발생 여부를 확인한다.

7) EOF

해당 필드는 메시지 프레임의 종료를 알리는 용도로, 7비트의 '1'을 연속적으로 비트 스터핑 없이 전송한다.

8) IFS

해당 필드는 프레임과 프레임 사이의 일정 간격을 의미하며, 최소 3비트 타이밍 이상의 지연 시간이 제공되어야만 한다. 해당 구간에서는 어떠한 ECU도 프레임을 전송할 수 없어, 무조건 논리값 '1'인 상태가 유지된다.

3.3

실습

3.3.1. 실습 1 : PCAN-View

1) 이론 및 환경 설정

CAN 실습에서는 ECU와 PC 간 CAN 통신, 혹은 ECU 간 CAN 통신을 분석할 수 있는 PEAK system의 PCAN-USB FD와 해당 장비를 지원하는 소프트웨어인 PCAN-View를 사용한다. 실습을 진행하기 전에, 2장을 참고하여 PCAN-View를 미리 설치해야 한다.

그림 3-9. PCAN-View 다운로드 화면

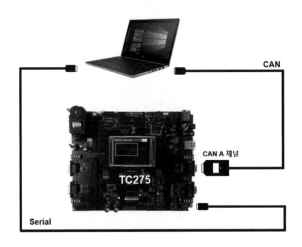

그림 3-10. 실습 보드와 PC 연결 방법

실습을 진행하기 위해, 네트워크 환경을 그림 3−10과 같이 구성하였다.
PC에서 PCAN−View를 실행하면 그림 3−11과 같은 창이 표시된다.

그림 3-11. PCAN-View 초기 화면

① 해당 버튼을 클릭하면, PC와 TC275 간 CAN 버스 연결을 위한 창이
표시된다.

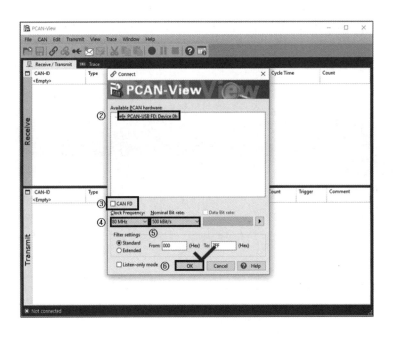

그림 3-12. PCAN-View 연결 설정

② "Available PCAN Hardware"에서 "PCAN–USB FD: Device 0h"를 클릭한다.

③ 본 실습에서는 CAN 통신만을 사용하므로, "CAN FD"를 체크 해제한다.

④ CAN 컨트롤러에서 사용하는 클럭 주기를 80MHz로 설정한다.

⑤ "Nominal Bit Rate"는 CAN 통신 속도를 의미하며, HS–CAN의 최고 속도인 500Kbps로 설정한다.

⑥ 마지막으로, "OK"를 클릭하여 설정을 마무리한다.

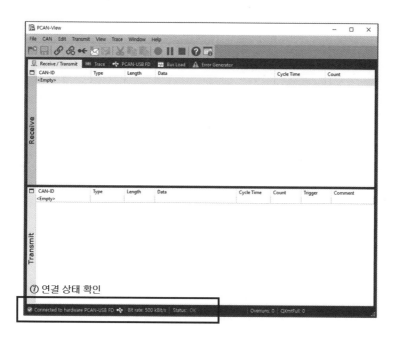

그림 3-13. PCAN-View 연결 활성화

⑦ CAN 버스가 정상적으로 연결되었다면, 그림 3-13처럼 프로그램 하
단에 "Connected to hardware PCAN-USB FD" 문구와 함께 체크 표시
된 녹색 원 기호가 표시된다.

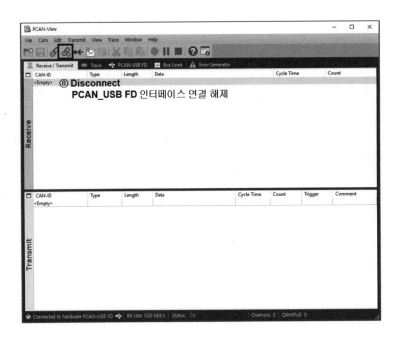

그림 3-14. PCAN-View 연결 해제

⑧ 연결 해제 버튼을 클릭하면 PCAN 장치와의 연결을 끊을 수 있다.

2) 실습 1-1

2-1) 실습 방법

PC와 TC275 간 시리얼 통신을 위해 "CAN_UI.exe"를 실행시킨다. 해당 GUI는 TC275의 상태를 확인하거나 직접 제어하기 위해 사용된다.

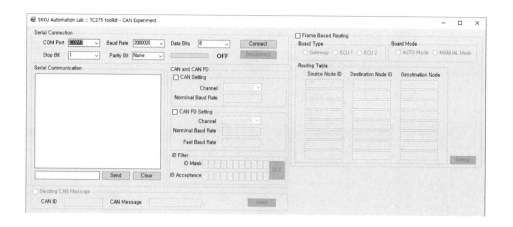

그림 3-15. 실습 1-1의 GUI 설정 (1)

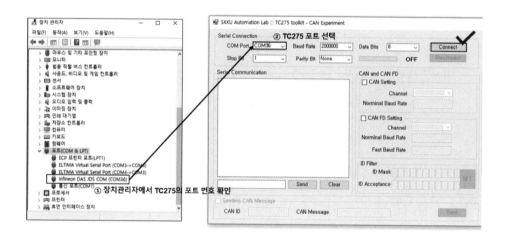

그림 3-16. 실습 1-1의 GUI 설정 (2)

① "Windows 버튼+X" → "M"을 눌러 장치 관리자를 열고, 시리얼 통신
을 위한 USB가 PC의 어떤 포트에 연결되어 있는지 확인한다.

② GUI의 "COM Port"에 해당 포트를 선택하고, "Connect"를 클릭한다.

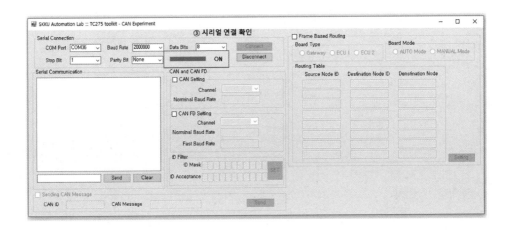

그림 3-17. 실습 1-1의 GUI 설정 (3)

③ 그림 3-17과 같이 GUI에 초록색 바가 생성되고, "OFF"가 "ON"으로
바뀌었다면 PC와 TC275 간 시리얼 통신을 성공한 것이다. 이제
TC275에 UDE-STK를 사용하여 "CAN_Ex1_Tricore.elf" 프로그램을
다운로드하면 된다.

실습 1-1에서는 PC에서 PCAN-View를 통해 TC275로 CAN 메시지를
전송하고 TC275에서 수신한 CAN 메시지의 ID를 LCD로 확인한다.

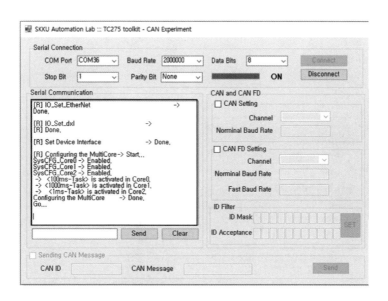

그림 3-18. TC275 부팅 과정

프로그램을 시작하면 위와 같이 TC275의 부팅 메시지가 시리얼 통신을 통해 GUI에 출력된다. 해당 메시지가 출력되지 않을 경우, TC275의 리셋 스위치를 눌러 TC275를 재부팅하면 된다.

프로그램을 정상적으로 실행하였다면, GUI를 통해 TC275의 CAN 통신을 설정한다.

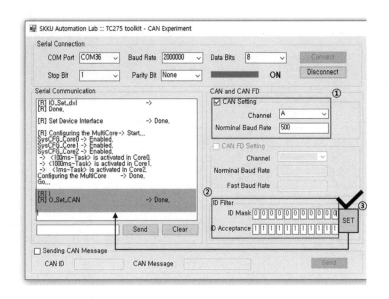

그림 3-19. TC275의 CAN 통신 활성화 방법

① GUI의 "CAN Setting"을 체크하고, "Channel"을 "A"로 선택한다. PCAN-View에서 CAN 버스를 500Kbps로 설정하였으므로, "Nominal Baud Rate"를 '500'으로 설정한다.

② "ID Filter"에 "ID Mask"는 전부 '0'으로, "ID Acceptance"는 전부 '1'로 설정한다. 해당 내용은 뒤에서 더욱 자세히 다루겠다.

③ 마지막으로 "SET" 버튼을 클릭하면, GUI에 CAN 설정이 완료되었다는 메시지가 표시된다.

다음은 PCAN-View를 이용하여 PC에서 TC275로 CAN 메시지를 전송하는 과정을 소개하고자 한다.

그림 3-20. PCAN-View CAN 메시지 생성 (1)

① PCAN-View의 "Transmit" 탭에서 "New Message"를 클릭하면 전송할 CAN 메시지를 생성하는 창이 뜬다.

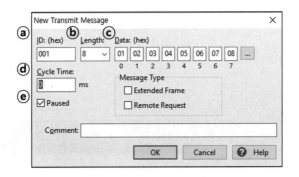

그림 3-21. PCAN-View CAN 메시지 생성 (2)

그림 3-21처럼, 해당 창에서는 앞서 설명한 ⓐ CAN 프레임의 ID, ⓑ DLC 로 인한 데이터의 길이, ⓒ 데이터, ⓓ CAN 메시지의 전송 주기, ⓔ CAN 메 시지의 전송대기 상태를 설정할 수 있다. 만약 ⓔ "Paused"를 선택하면, 단 한 번의 메시지만 전송한다. 추가로, "Message Type"에서 RTR을 이용한 프레임 타입 구분, 확장 ID 사용 여부를 설정할 수 있다.

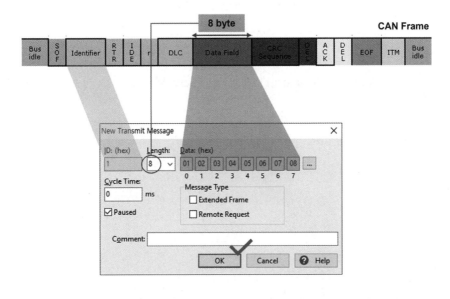

그림 3-22. PCAN-View CAN 메시지 생성 (3)

② ID를 '0x01'로 선택하고, 데이터의 길이를 나타내는 DLC를 '8'로 설정하여 8바이트의 데이터인 '0x01', '0x02', '0x03', '0x04', '0x05', '0x06', '0x07', '0x08'을 전송한다. 이때 "Paused"를 선택하여 원하는 시간에 한 번만 메시지를 전송할 수 있도록 설정한다.

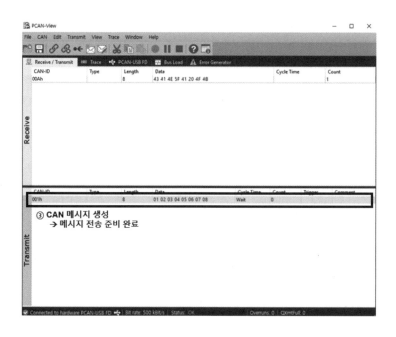

그림 3-23. PCAN-View CAN 메시지 생성 완료

③ 그러면 그림 3−23과 같이, 설정한 프레임의 구조로 CAN 프레임이 생성되어 전송 준비 상태인 것을 확인할 수 있다.

2-2) 실습 결과

PCAN−View에서 생성되어 전송대기 중인 CAN 메시지를 더블클릭하면, PC에서 TC275로 해당 메시지가 전송된다.

그림 3-24. 실습 1-1의 출력 결과

TC275는 CAN 메시지를 수신하면, 메시지의 ID, 데이터를 LCD에 표시한다. 해당 실습의 경우, 앞서 생성한 메시지에 따라 TC275가 '0x01'의 ID와 8바이트 길이의 '0x01, 0x02, 0x03, 0x04, 0x05, 0x06, 0x07, 0x08' 데이터로 구성된 CAN 프레임을 수신하였음을 확인할 수 있다.

3) 실습 1-2

3-1) 실습 방법

실습 1-1에서는 PC에서 TC275로 CAN 메시지를 전송하였다. 실습 1-2는 TC275에서 PC로 CAN 메시지를 전송할 것이다. GUI를 통해 TC275가 PC로 메시지를 전송하도록 명령하고, PC에서 PCAN-View를 통해 TC275로부터 수신한 CAN 메시지를 확인한다.

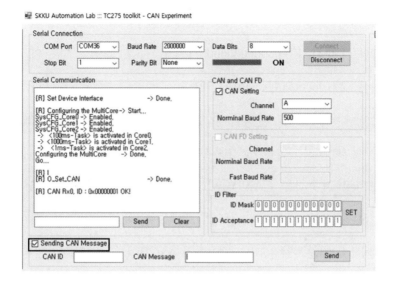

그림 3-25. CAN 메시지 생성 (1)

그림 3-25처럼 "Sending CAN Message" 박스를 체크하여 TC275에 CAN 메시지 생성 명령을 전달할 준비를 한다.

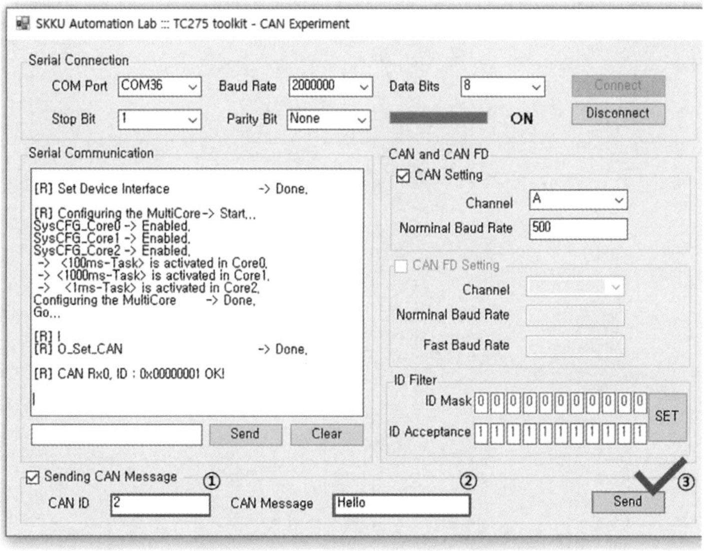

그림 3-26. CAN 메시지 생성 (2)

① "CAN ID"에 TC275가 PC로 전송할 CAN 메시지의 ID를 입력한다. 실습 1-1에서 '1'(=0b00000000001)의 ID를 사용했기 때문에 이번 실습에서는 '2'(=0b00000000010)을 ID로 설정한다. 실습 1-1과 동일하게, '1'로 메시지의 ID를 설정할 수 있지만, CAN은 ID를 통해 메시지의 용도를 식별한다는 점을 상기하길 바란다. ID가 '1'인 메시지는 PC에서 TC275로 전송하는 CAN 메시지로, '2'인 메시지는 TC275에서 PC로 전송하는 CAN 메시지로 정의한 것이다.

② "CAN Message"에는 8자리 이하의 ASCII 문자로 데이터를 설정한다. 그림 3-22에서처럼 DLC를 따로 설정하지 않는다. TC275가 "CAN Message"를 통해 받은 문자열에 최대 8바이트까지 공백 문자(0x20)를 추가하고, DLC는 8로 고정하여 전송한다.

③ PC로 전송할 CAN 메시지의 생성을 마치면 "Send"를 클릭하여 TC275가 CAN 메시지를 전송하게 한다.

이제 PC에서 수신한 CAN 메시지를 확인하기 위해 PCAN-View를 설정한다.

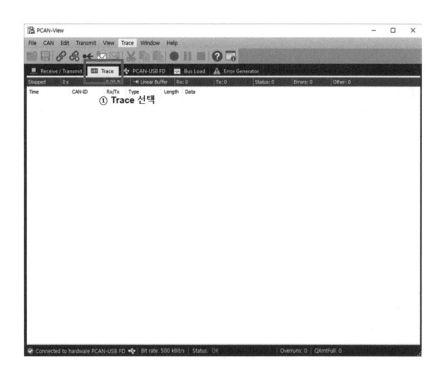

그림 3-27. Trace 창 설정 (1)

① "Trace" 창에서는 PCAN−USB FD를 통해 이동하는 모든 CAN 메시지
의 정보를 확인한다. 해당 창에서는 CAN 메시지의 발생 시간, ID, PC
에서의 송/수신 여부, 데이터 및 DLC 정보 등을 확인할 수 있다.

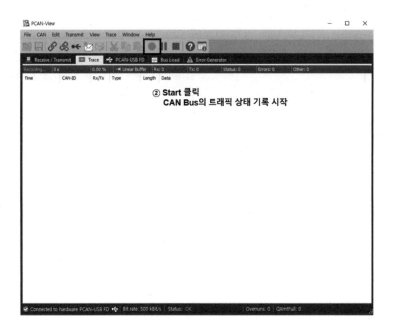

그림 3-27. Trace 창 설정 (2)

② "Start" 버튼을 클릭하면, CAN 버스에서 송/수신되는 CAN 메시지들
을 기록하기 시작한다.

3-2) 실습 결과

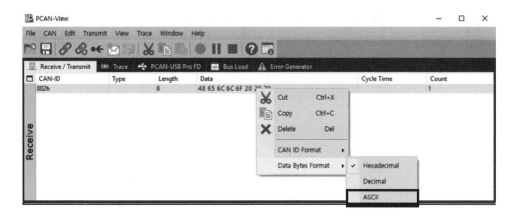

그림 3-28. PCAN-View 수신 CAN 메시지 확인 (1)

"Receive/Transmit" 창에서 TC275로부터 수신한 CAN 메시지를 확인할 수 있다. 해당 창에서는 수신한 메시지의 종류 및 수신 횟수를 확인할 수 있다. 수신한 메시지의 데이터를 ASCII 문자로 변경하여 확인한다.

그림 3-29. PCAN-View 수신 CAN 메시지 확인 (2)

그림 3-26에서 "CAN Message"에 "Hello"라고 입력하였다면, 그림 3-29와 같이 표시된다.

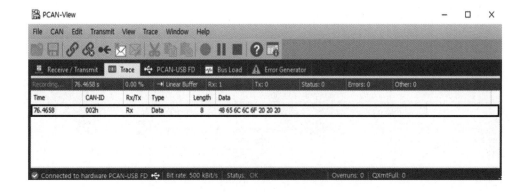

그림 3-30. PCAN-View 수신 CAN 메시지 확인 (3)

"Trace" 창에서 수신한 메시지들의 도착 시간과 송/수신 여부 등을 확인한
다.

3.3.2. 실습 2 : Chatting

1) 이론 및 환경 설정

본 실습에서는 PC와 ECU 혹은 ECU와 ECU 간의 CAN 통신을 이용하여
채팅과 유사한 실습으로 CAN 통신을 더 깊이 있게 이해하고자 한다. 그리고
TC275에 UDE-STK를 사용하여 "CAN_Ex2_Tricore.elf" 프로그램을 다운
로드한다. 또한, 실습 1과 같이 PCAN-View을 통해 CAN 메시지를 송/수신
하고, PC와 TC275 간 시리얼 통신을 위해 "CAN_UI.exe"를 사용한다.

2) 실습 2-1(PC ↔ ECU)

2-1) 실습 방법

실습 2-1은 PC와 TC275 간의 CAN 메시지로 채팅 기능을 수행하며,

CAN 메시지의 ID에 따라 발신자를 식별한다. PC는 CAN 메시지 ID를 '0'으로, TC275는 CAN 메시지 ID '1'로 설정하여 메시지를 송신한다. 즉, 도착한 메시지의 ID가 '0'이라면 PC가 보낸 메시지이고, '1'이라면 TC275가 보낸 메시지이다.

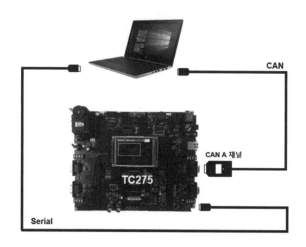

그림 3-31. 실습 보드와 PC 연결 방법

PC와 TC275 간의 채팅 기능을 위해 그림 3-31과 같이 CAN 케이블과 시리얼 케이블을 연결한다.

본 실습도 이전 실습과 동일하게 PCAN-View를 사용하므로 그림 3-11～그림 3-14를 참고하여 PCAN-View를 설정한다.

TC275의 CAN 통신을 활성화하기 위한 GUI 설정은 다음과 같다.

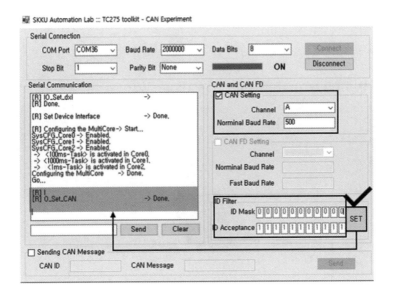

그림 3-32. TC275의 CAN 통신 활성화

① GUI의 "CAN Setting"을 체크한 후, "Channel"을 "A"로 선택하고, "Normi-
nal Baud Rate"에 '500'을 입력한다. 그리고 "ID Filter"의 "ID Mask"에는
모두 '0'을 입력하고, "ID Acceptance"에는 모두 '1'을 입력한다.

② 다음으로, "SET" 버튼을 클릭하면 CAN 설정이 완료되었다는 메시지
가 표시된다.

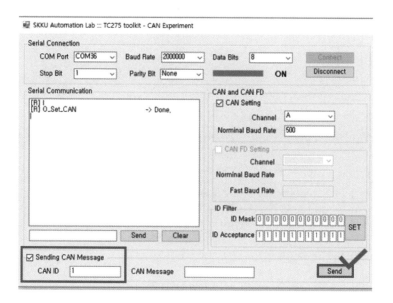

그림 3-33. TC275의 CAN 메시지 설정

③ "Sending CAN Message"를 체크한 후, "CAN ID"에 '1'을 입력한다. 이
값은 TC275가 PC로 전송할 CAN 메시지의 ID이다. 그리고 "CAN
Message"는 공백으로 두고, "Send" 버튼을 클릭하면, TC275가 CAN
ID 값이 '1'인 메시지를 전송한다.

다음으로, PC에서 전송할 CAN 메시지를 생성하기 위하여 PCAN-View로 이동한다.

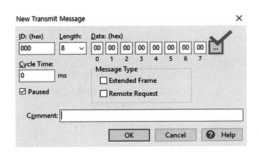

그림 3-34. PCAN-View CAN 메시지 생성 (1)

① "Transmit" 탭에 있는 "New Message"를 클릭하면 그림 3-34와 같이 "New Transmit Message" 창이 표시된다. 새로운 메시지의 ID를 '0'으로 입력하고 "..."을 클릭한다.

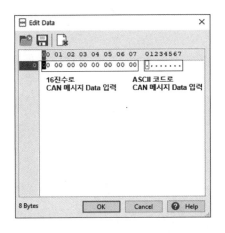

그림 3-35. PCAN-View CAN 메시지 생성 (2)

② 그림 3-34에서 "…"을 클릭하면 데이터 영역을 편집하는 "Edit Data" 창이 표시된다. "Edit Data" 창에서는 전송하고자 하는 메시지를 입력할 수 있다. 그림 3-35과 같이 ASCII 문자열 또는 16진수로 입력할 수 있다.

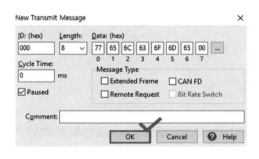

그림 3-36. PCAN-View CAN 메시지 생성 (3)

③ 1회씩 메시지를 전송할 수 있도록 "Paused"를 체크하고, "OK"를 클릭한다.

그림 3-37. PCAN-View CAN 메시지 생성 완료 (1)

④ 그림 3-37과 같이 생성된 CAN 메시지를 확인한다.

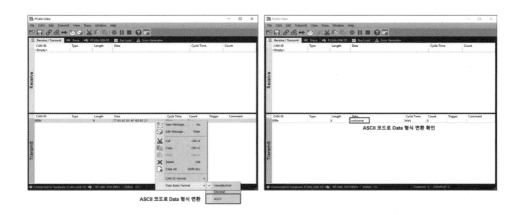

그림 3-38. PCAN-View CAN 메시지 생성 완료 (2)

그림 3-38과 같이 생성된 메시지를 우클릭한 후, "Data Bytes Format",

"ASCII"를 순서대로 클릭하면, 데이터를 16진수가 아닌 ASCII 문자열로 확인할 수 있다.

2-2) 실습 결과

채팅 메시지의 내용은 TC275의 LCD와 PCAN-View에서 확인할 수 있다. TC275의 LCD는 채팅 프로그램처럼 수신한 CAN 메시지의 ID를 확인하여 발신자를 표시한다. 본 실습의 경우, 수신된 CAN 메시지의 ID가 '0'이라면 발신자는 PC라는 것을 알 수 있다.

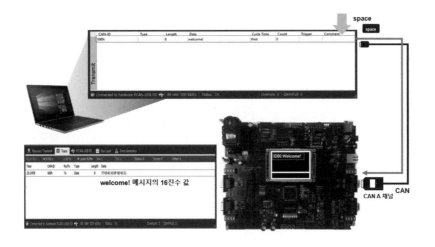

그림 3-39. PC에서 TC275로 전송

그림 3-37과 같이 생성된 CAN 메시지를 선택하고 스페이스 바를 누르면, PC에서 TC275로 메시지가 전송된다. CAN 메시지가 전송되는 횟수만큼 "Count"의 숫자가 증가하며, "Trace" 창에 기록된다. 그리고 TC275의 LCD에서 ID '0'과 "Welcome!"이 출력된 것을 확인할 수 있다. 이는 PC에서 "Welcome!" 문자열을 전송했음을 의미한다.

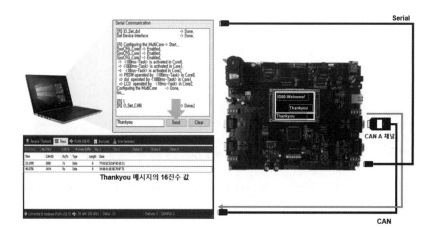

그림 3-40. TC275에서 PC로 전송

GUI의 "Serial Communication" 영역에서 전송할 ASCII 문자열을 입력하고, "Send"를 클릭하면, TC275에서 CAN 메시지가 전송된다. 이처럼 전송된 메시지는 LCD에 표시된다. 그리고 PCAN-View의 "Trace" 창에서 CAN 메시지의 정상 수신 여부, 도착한 시간, 문자열의 16진수 값을 확인할 수 있다. 그림 3-40은 TC275에서 "Thankyou" 문자열을 전송하고 PCAN-View에서 해당 메시지를 수신한 모습을 나타내고 있다.

3) 실습 2-2(ECU ↔ ECU)

3-1) 실습 방법

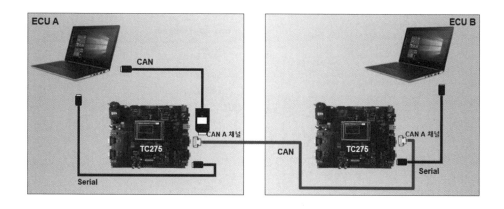

그림 3-41. 실습 2-2의 하드웨어 구성

실습 2-2는 그림 3-41과 같이 두 개의 TC275와 2대의 PC를 사용한다. 상황에 따라 한 대의 PC에 PCAN-View와 두 개의 시리얼 케이블을 연결하면, PC 한 대로도 실습할 수 있다. 본 실습에서는 그림3-41과 같이 2대의 PC를 사용한다고 가정한다. 각 PC와 TC275를 시리얼 케이블로 연결하고, 그룹 "ECU A"의 TC275와 그룹 "ECU B"의 TC275를 CAN 케이블로 연결한다. 그리고 PCAN-View를 CAN 버스와 연결한다면, 그룹 "ECU A"의 TC275와 그룹 "ECU B"의 TC275 사이에서 송/수신되는 CAN 메시지를 확인할 수 있다.

우선 각 TC275의 CAN 통신을 활성화하기 위해 각 그룹의 PC에서 "CAN_UI.exe"를 실행한다.

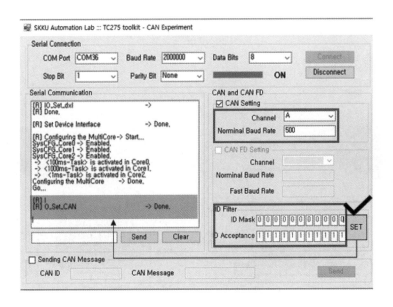

그림 3-42. TC275의 CAN 통신 활성화

① GUI에서 "CAN Setting"를 체크하고, "Channel"을 "A"로 선택한다. 그리고 "Norminal Baud Rate"에 '500'을 입력한다. 그 후, "ID Filter"의 "ID Mask"의 값을 모두 '0'으로 채우고, "ID Acceptance"는 모두 '1'로 설정한다. 다음, "SET" 버튼을 클릭하면 CAN 설정이 완료되었다는 메시지를 확인할 수 있다. 그룹 "ECU A"와 그룹 "ECU B"는 둘 다 CAN A 채널을 이용하기 때문에, 본 과정을 각 PC에서 동일하게 진행한다. 만약 한 대의 PC로만 실습을 진행해야 한다면, 하나의 PC에 두 개의 TC275를 모두 연결한다. 다음, 윈도우의 장치 관리자에서 TC275의 시리얼 통신 포트를 확인한 후, 두 개의 GUI를 실행시켜 각 "COM Port"를 설정하고 연결한다.

그룹 "ECU A"와 그룹 "ECU B"의 GUI를 다음과 같이 동작한다.

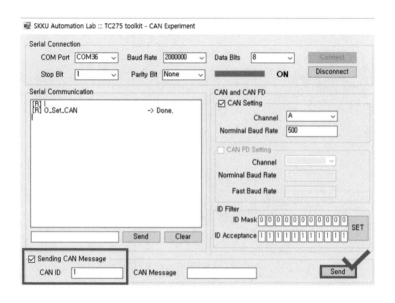

그림 3-43. "ECU A"의 CAN 메시지 설정

① 그룹 "ECU A"의 TC275는 CAN ID를 '1'로 설정한다. 본 실습을 위하여 그룹 "ECU A" GUI에서 "CAN ID"의 값을 '1'로 입력하고, "CAN Message"는 공백으로 둔 후, "Send" 버튼을 클릭한다. 이 경우, 그룹 "ECU A"의 TC275는 CAN 메시지의 ID를 '1'로 설정하여 메시지를 전송한다.

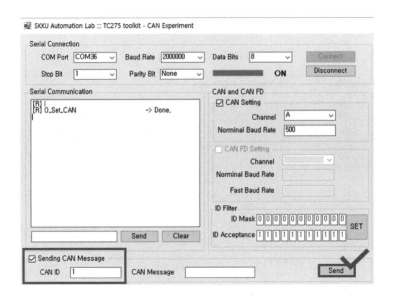

그림 3-44. "ECU B"의 CAN 메시지 설정

② 그룹 "ECU B"의 TC275는 CAN 메시지의 ID로 '2'로 설정한다. 그룹 "ECU B"의 GUI에서 "CAN ID"를 '2'로 설정하고, "CAN Message"는 공백으로 두고, "Send" 버튼을 클릭한다. 이 경우, 그룹 "ECU B"의 TC275는 CAN 메시지의 ID가 '2'인 메시지를 전송한다.

3-2) 실습 결과

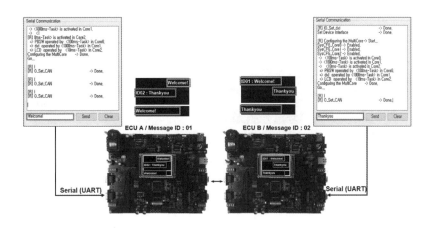

그림 3-45. "ECU A"와 "ECU B" 간의 채팅

각 그룹 "ECU A"와 그룹 "ECU B"에 해당하는 GUI의 "Serial Communication"에 ASCII 문자열을 입력하고, "Send" 버튼을 클릭하면, CAN 메시지가 전송된다. 그리고 각 TC275의 LCD를 통해 채팅 메시지 송/수신 현황을 확인할 수 있다. 그림 3-45에서는 그룹 "ECU A"에서 우선 "Welcome!"이라는 문자열을 ID '1'로 전송하였고, 그룹 "ECU B"에서는 "Thankyou"라는 문자열을 ID '2'로 전송하였다. 각 TC275의 LCD에서는 시간 순서대로 송/수신한 CAN 메시지가 표시된다.

4) 실습 2-3(다수의 ECU)

앞서 CAN의 개요에서 CAN 통신은 버스 통신을 사용하며, 버스 통신은 쉽게 노드의 개수를 증가시킬 수 있다고 하였다. 이와 같은 특징을 이용하여 실습 2-2에서 "ECU A"와 "ECU B"가 연결된 CAN 버스에 더 많은 ECU를 연결하면, 다수의 ECU 간의 채팅 기능을 구현할 수 있다.

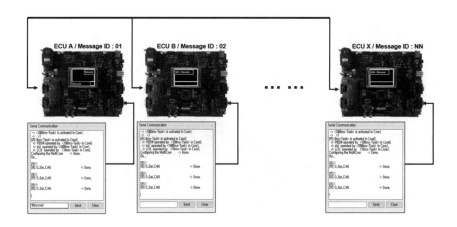

그림 3-46. 다수의 ECU 간의 채팅

만약 각 TC275에 CAN 메시지 ID를 중복하지 않게 할당해준다면, 복수의 TC275가 하나의 CAN 버스 내에서 소통할 수 있으며, 설정된 CAN 메시지의 ID에 따라 발신자를 식별할 수 있다.

3.3.3. 실습 3 : CAN ID Filter

1) 이론 및 환경 설정

CAN 버스는 다수의 ECU가 연결된다. CAN 버스에서 각 ECU가 다양한 메시지를 모두 수신한다면, 불필요한 부하가 걸리게 된다. CAN 메시지는 ID에 따라 해당 메시지가 담는 정보의 유형을 나타내기 때문에, 각 ECU는 ID Filtering을 통해 수신해야 하는 메시지만을 확인하여 수신할 수 있다.

CAN ID Filter는 ECU가 메시지를 수신할 때, 특정 혹은 범위 내의 ID만

받고자 할 때 사용된다. ECU는 메시지의 ID 정보를 담고 있는 Arbitration Field까지만 먼저 읽고, ID Filtering을 통해 수신 여부를 결정한다. 만약 해당 ID의 메시지가 필요하다고 판단하였다면 끝까지 읽어 들이고, 필요 없는 경우 해당 메시지를 더 이상 읽지 않는다.

CAN ID Filter는 크게 Acceptance와 Mask로 구성된다. CAN은 11비트의 ID를 사용하기 때문에 Acceptance와 Mask 또한 11비트로 구성된다.

① Acceptance: 수신하는 메시지 ID와의 비교 대상이 되는 값이다. ID와 Acceptance를 비교하여 동일한 ID를 갖는 메시지만을 수신한다.

② Mask: ID와 Acceptance를 비교할 때, 비교 대상 비트열을 결정한다. '0' 인 자리의 비트값은 비교하지 않으며, '1'인 자리의 비트값만을 비교한다.

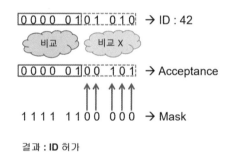

그림 3-47. ID Filter 예시 (1)

그림 3-47의 경우, ID가 '0b00000101010(=42)'인 메시지를 수신하였고, Acceptance는 '0b00000100101', Mask는 '0b11111100000'로 설정되어있다. Mask에 따라 ID와 Acceptance의 상위 6비트를 비교하여 최종 수신 여부를 결정한다. ID와 Acceptance의 상위 6비트는 둘 다 '0b000001'이므로, 해당 메시지를 수신한다.

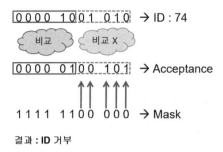

그림 3-48. ID Filter 예시 (2)

그림 3-48의 경우, ID가 '0b00001001010(=74)'인 메시지를 수신하였고, Acceptance는 '0b00000100101', Mask는 '0b11111100000'로 설정되어있다. 그림 3-47과 같이, Mask에 따라 ID와 Acceptance의 상위 6비트를 비교하여 수신 여부를 결정하는데, ID의 '0b000010'과 Acceptance의 '0b000001'은 동일하지 않기 때문에, 해당 메시지를 수신하지 않는다.

그림 3-47과 그림 3-48에서 사용하는 ID Filter는 '0b000001xxxxx'의 ID를 수용한다. 따라서 '0b00000100000(=32)'~'0b00000111111(=63)' 영역의 ID를 갖는 메시지만 수신한다.

2) 실습 3-1

2-1) 실습 방법

본 실습에서는 Acceptance와 Mask를 직접 설정하여 ID가 '0b0000001000 0(=16)'~'0b00000011111(=31)' 영역에 포함되는 메시지만 수신해볼 것이다. 실습 진행을 위해 TC275에 UDE-STK를 사용하여 "CAN_Ex2_Tricore.elf" 를 다운로드하면 된다.

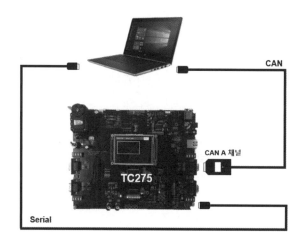

그림 3-49. 실습 보드와 PC 연결 방법

PC와 TC275 간의 통신을 위해, 그림 3-49와 같이 CAN 버스 케이블과 시리얼 케이블을 연결한다.

앞서 소개했듯이, 그림 3-11~3-14를 참고하여 PCAN-View를 설정하면 된다.

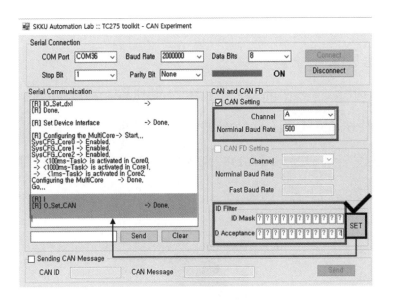

그림 3-50. TC275의 CAN 통신 활성화 과정

① PC와 TC275 간 시리얼 통신을 위해 PC에서 "CAN_UI.exe"를 실행한
다. TC275의 CAN 통신을 활성화하기 위해 GUI의 "CAN Setting"을
선택하고, "Channel" 항목에서 "A"를 선택한 다음, "Norminal Baud
Rate"를 '500'으로 설정하면 된다.

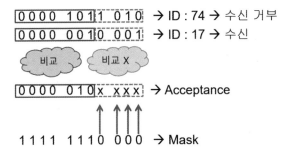

그림 3-51. '16'~'31'의 ID를 수용하는 ID Filter

② 이제 ID Filter를 설정한다. ID가 '0b00000010000(=16)'~'0b0000 0011111 (=31)' 영역에 포함되는 메시지만 수신하기 위해, '0b0000001xxxx'에 해당하는 ID를 모두 수용하도록 설정해야 한다. 상위 7비트를 비교하도록 Mask를 '0b11111110000'로 설정하고, Acceptance는 '0b0000001xxxx'로 설정한다면, 상위 7비트의 값이 '0000001'인 메시지만 수신할 수 있다.

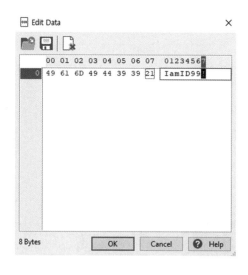

그림 3-52. PCAN-View CAN 메시지 생성 (1)

① PCAN-View의 "Transmit" 탭에서 "New Message"를 클릭하여 그림 3-33과 같은 메시지 생성 창을 연다.

② ID를 '99'로 입력하고 "…"을 클릭한다. 클릭할 경우, 그림 3-52와 같은 "Edit Data" 창이 열린다.

③ CAN 메시지의 ID를 식별할 수 있도록, "IamID99!" 문자열을 입력하여 메시지를 생성한다. 그림 3-53과 같이 PCAN-View에서는 CAN

메시지 ID가 16진수 값으로 표기되기 때문이다.

④ 위와 같은 방법으로 ID가 '16'~'31' 이내의 범위에 포함되는 CAN 메시지를 생성할 수 있다.

	CAN-ID	Type	Length	Data	Cycle Time	Count	Trigger	Comment
Transmit	00000063h		8	IamID99!	Wait	0		
	99 (10진수) → 63 (16진수)			ASCII 형식의 데이터				

☑ Connected to hardware PCAN-USB Pro FD, Channel 1 ⟷ | Bit rate: 500 kBit/s | Status: OK | | Overruns: 0 | QXmtFull: 0

그림 3-53. PCAN-View CAN 메시지 생성 (2)

2-2) 실습 결과

그림 3-54. 실습 3-1의 출력 결과

TC275는 CAN 메시지를 수신할 때, 수신한 메시지의 ID 및 데이터를 LCD에 표시한다. 다양한 ID에 대한 CAN 메시지를 PC에서 TC275로 전송하여 LCD에 표시되는지 확인한다. TC275의 CAN 통신 활성화를 정상적으로 진행했다면, ID가 '16'~'31' 영역에 포함되는 메시지의 정보는 표시될 것이고, 이외의 ID는 필터링되면서 아무리 전송해도 표시되지 않을 것이다.

3.3.4. 실습 4 : Starvation

1) 이론 및 환경 설정

Starvation은 기아 현상이라고 하며, 우선순위 기반의 스케줄링에서 주로 발생하는 문제이다. 우선순위 기반의 스케줄링에서 중요도가 높은 프로세스가 먼저 처리되는데, 우선순위가 낮은 프로세스가 처리되기 전에 우선순위가 높은 프로세스가 계속 발생하여 자원을 독차지하면, 우선순위가 낮은 프로세스가 오랜 시간 동안 처리되지 못하는 현상을 의미한다. CAN 통신에서도 우선순위가 높은 메시지가 CAN 버스를 선점한다. 우선순위가 낮은 메시지가 처리되기 전에, 지속해서 우선순위가 높은 메시지가 생성된다면, 기아 현상이 발생하는 것이다. 프로세스 스케줄링의 경우, 에이징 기법을 통해 대기시간이 긴 프로세스에 조금 더 높은 우선순위를 부여하여 처리할 수 있지만, CAN의 경우 메시지의 유형 혹은 목적에 따라 고정된 ID를 부여하기 때문에 우선순위를 임의로 높일 수 없다.

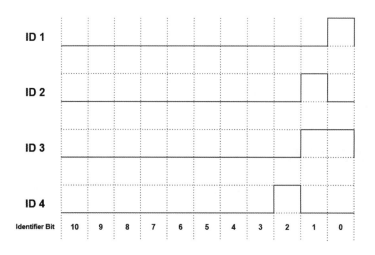

그림 3-55. 메시지 ID에 따른 우선순위

    CAN에서는 논리값인 '0'과 '1'을 각각 "우성" 및 "열성"으로 표현하며, CAN 버스에 복수의 ECU가 동시에 메시지를 보낼 때, 우성인 '0'을 가장 먼저 보낸 ECU가 버스를 선점하게 된다. 동시에 복수의 메시지가 경쟁한다면, ID 값이 큰(우선순위가 낮은) 메시지일수록 CAN 버스에 '1'을 먼저 보내게 된다. 그림 3-55처럼, '4'의 ID를 갖는 메시지는 하위 3번째 비트 타이밍에서 '1'을 보내게 되고, 가장 먼저 경쟁에서 탈락한다. 하위 2번째 비트 타이밍에서 '1'을 보내는, ID '2'와 '3'에 해당하는 메시지는 동시에 경쟁에서 탈락하며, 마지막으로 '1'의 ID를 전송하는 ECU가 버스를 선점한다. 만약 ID가 '1'인 메시지가 없고 '2'와 '3'인 메시지가 경쟁한다면, 하위 2번째 비트 타이밍에서는 어떤 메시지도 '0'을 보내지 않기 때문에, 하위 1번째 비트 타이밍에서 '0'을 보낸, ID '2'의 메시지가 경쟁에서 승리한다.

    실습 4에서는 높은 부하가 걸리는 CAN 버스 환경에서, 메시지 간 우선순위에 따른 경쟁을 확인하고, 계속 경쟁에서 밀리는 메시지를 통해 기아 현상

(Starvation)을 확인할 것이다. TC275에 UDE-STK를 사용하여 "CAN_Ex3_
Tricore.elf"를 다운로드하면 된다.

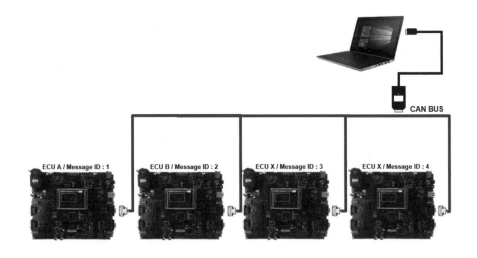

그림 3-56. 실습 4의 하드웨어 구성

실습 4에서는 4대의 TC275와 1대의 PC를 사용한다. 그림 3-56과 같이
모든 TC275는 CAN 버스 케이블을 통해 PC에 연결한다. 하나의 CAN 버스
케이블에 각 TC275를 연결하고, PC는 CAN 버스 케이블에 PCAN-USB
FD를 연결하여 CAN 버스를 구성한다.

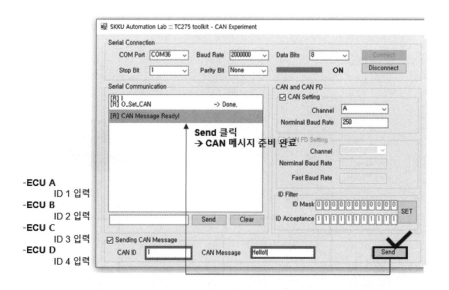

그림 3-57. TC275의 CAN 통신 활성화

① 각 TC275의 CAN 통신을 활성화하기 위해 PC에서 네 개의 "CAN_ UI.exe"를 동시에 실행한다.

② "Windows" 버튼+"X" → "M"을 눌러 장치 관리자를 열고, 각 TC275 의 시리얼 통신을 위한 USB가 PC의 몇 번째 포트에 연결되어 있는지 확인한다. 각 TC275에 해당하는 GUI의 "COM Port"에서 알맞은 포트 를 선택하고, "Connect"를 클릭한다.

③ 모든 GUI에서 "CAN Setting"을 체크하고, "Channel"을 "A"로, "Normi-nal Baud Rate"를 '250'으로 설정한다. "ID Filter"의 "ID Mask"는 전부 '0'으로, "ID Acceptance"는 전부 '1'로 설정하고, "SET" 버튼을 눌러 CAN 설정이 완료되었다는 메시지를 확인한다. 이때 "Norminal Baud Rate"를 '250'으로 설정함을 주의 깊게 확인해야 한다.

④ "ECU A"에 해당하는 GUI는 "CAN ID"에 '1'을, "ECU B"에 해당하는

GUI는 "CAN ID"에 '2'를, "ECU C"에 해당하는 GUI는 "CAN ID"에 '3'을, "ECU D"에 해당하는 GUI는 "CAN ID"에 '4'를 입력하고, "Send" 버튼을 클릭하여 각 ECU에 해당하는 메시지를 생성한다.

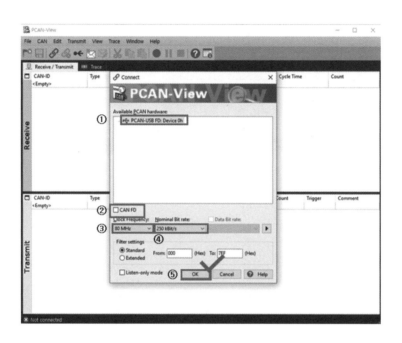

그림 3-58. PCAN-View 연결 설정

사용하는 CAN의 통신속도에 따라 PCAN-View를 설정한다.

① 먼저, 현재 PC에 연결된 PCAN 장치를 선택한다.

② 다음으로, "CAN FD" 선택을 해제한다.

③ "Clock Frequency"는 80MHz로 설정한다.

④ "Nominal Bit Rate"는 CAN 통신속도를 의미하며, 250Kbps로 설정한다.

⑤ 마지막으로, "OK"를 클릭하여 설정을 마무리한다.

좌측 하단을 확인하여 정상적으로 설정이 마무리되었는지 검토할 필요가 있다.

2) 실습 4-1(Starvation 기본)

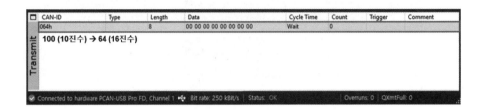

그림 3-59. PCAN-View CAN 메시지 생성

2-1) 실습 방법

PCAN—View에서 ID가 '100'인 메시지를 생성한다. 각 TC275 및 ECU는 ID가 '100'인 메시지를 수신하면, 1ms 주기로 설정된 ID의 CAN 메시지를 전송하고, LCD에 각 메시지 ID에 대한 수신 횟수를 그래프로 표현하게 된다.

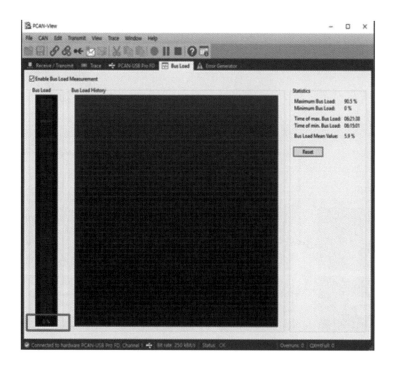

그림 3-60. 실습 시작 전 CAN 버스 부하 확인

PCAN−View의 "Bus Load" 창에서 현재 CAN 버스의 부하량을 확인한다. 실습 시작 전에는 어떠한 메시지도 전송되지 않기 때문에 0%임을 확인할 수 있다.

2-2) 실습 결과

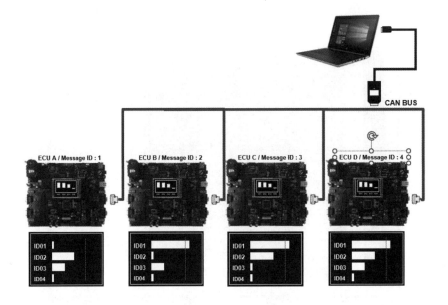

그림 3-61. 실습 4-1의 각 ECU에 대한 LCD 출력 결과

ID가 '100'인 메시지를 PC에서 모든 TC275로 전송한다. 각 ECU는 1ms 주기로 CAN 메시지를 전송하고, CAN 버스에서는 메시지 ID를 통한 우선순위 경쟁을 시작한다. 경쟁에 따라, ID '1'에 해당하는 메시지가 가장 많은 트래픽을 발생시킨다. 따라서 대부분의 "ECU"는 ID '1'의 메시지를 가장 많이 수신하고, ID '4'의 메시지를 가장 적게 수신한다. 이때, 각 ECU는 자신이 전송한 메시지를 수신하지 않는다.

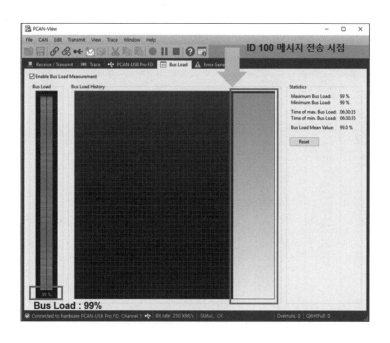

그림 3-62. 실습 진행 후 CAN 버스 부하 확인 (1)

PCAN-View의 "Bus Load" 창에서 현재 CAN 버스의 부하량을 다시 확인한다. ID '100'의 메시지를 각 ECU에 전송한 시점부터 부하율이 99%에 도달함을 통해, CAN 버스에 많은 양의 트래픽이 발생했음을 확인할 수 있다.

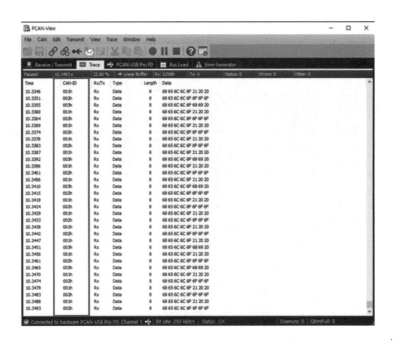

그림 3-62. CAN 버스 트래픽 기록 확인 (2)

모든 ECU는 동일한 주기로 메시지를 전송한다. 하지만 모든 ID의 메시지가 ID '1'인 메시지의 발생량에 미치지 못하였다. 즉, ID '1'인 메시지를 제외한 모든 ID의 메시지를 대상으로 기아 현상(Starvation)이 나타난 것이다. PCAN-View의 "Trace" 창에서 CAN 버스의 트래픽 기록을 확인해보면, ID '1'인 메시지는 약 0.9ms마다 전송되었고, ID '2'와 '3'인 메시지는 ID '1'인 메시지의 주기 사이에 조금씩 전송되었으며, ID '4'인 메시지는 거의 전송되지 못했다.

3) 실습 4-2(LED 기반 Starvation 실습)

3-1) 실습 방법

이제 실습 4-1의 환경에서 제어 메시지를 전송해보고 기아 현상이 미치는 영향을 확인할 것이다.

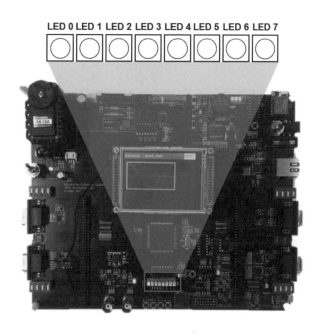

그림 3-63. TC275의 LED 위치 확인

실습에서 사용하는 TC275의 하단에는 8개의 LED가 부착되어 있다.

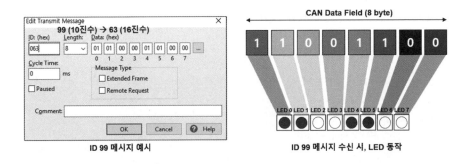

그림 3-64. LED 제어를 위한 CAN 메시지 생성AVA 설치 파일 확인

① PCAN-View의 "Transmit" 탭에서 "New Message"를 클릭하여 메시지 생성 창을 열고, "ID"란에 '99'의 16진수인 '63'을 입력한다.

② '0'~'7'까지의 데이터 영역에 '0' 혹은 '1'을 입력한다. 각 자릿값에 따라 해당 순서의 LED 켜짐/꺼짐을 설정할 수 있다.

③ 주기적으로 메시지를 전송할 수 있도록 "Paused"를 선택 해제하고, "OK" 버튼을 클릭하여 메시지를 생성한다.

3-2) 실습 결과

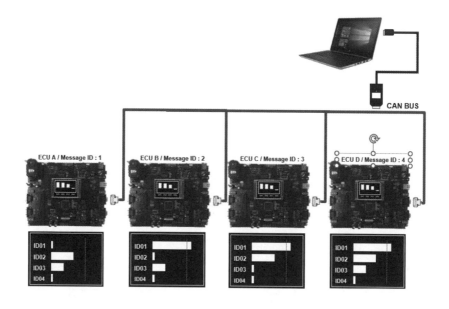

그림 3-65. 실습 4-2의 각 ECU에 대한 LCD 출력 결과

PCAN-View를 통해 PC에서 TC275로 ID '99'인 메시지를 전송한다. 해당 메시지는 LED 제어를 시작하기 위한 용도이다. 하지만 ID가 '4'인 메시지조차 전송되지 못하는 환경에서, '99'의 낮은 우선순위 ID를 갖는 메시지는 어떠한 ECU에도 도달하지 못한다. 즉, LED는 켜지지 않는다. "ECU A"를 CAN 버스에서 제거해도 LED는 켜지지 않는다. 이 경우, ID '1'인 메시지는 더 이상 전송되지 않지만, ID '2'인 메시지가 경쟁에서 승리하기 때문에, ID '4'인 메시지가 조금씩 전송됨에도 불구하고, LED 제어를 위한 메시지는 이전과 동일하게 전송되지 못한다. "ECU B"까지 CAN 버스에서 제거해야 비로소 LED 제어 메시지가 도착하고, 남은 2대의 ECU에서 LED가 켜진다.

4.
Ethernet
통신

4.1. 개요

4.2. 배경지식

4.3. 실습

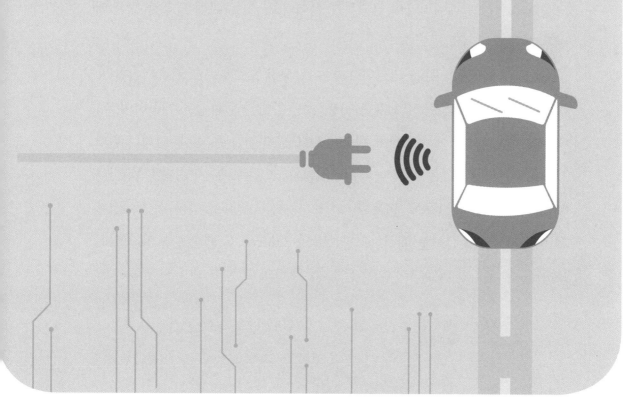

4.1

개요

이전의 차량이 단순히 움직이는 것에만 초점을 맞춰왔다면, 최근에는 ADAS, ABS, HMI 등과 같이, 사용자가 좀 더 편리하고 안전하게 운전할 수 있도록 다양한 센서와 관련 소프트웨어가 포함되어 차량 내부가 점점 더 복잡해지고 있다. 이러한 이유로 차량에 포함되는 ECU의 개수와 차량 네트워크에서 취급하는 데이터양이 급격하게 늘어나고, 이를 위해 필요한 통신 대역폭도 대폭 증가하고 있다.

CAN은 오랫동안 차량 네트워크의 표준 통신 프로토콜로 사용되어왔다. CAN은 버스 형태의 통신 체계를 사용하고, 안정적인 환경을 제공하며, 확장성이 매우 우수하여 수월하게 새로운 ECU를 연결할 수 있다. 그러나 최대 1Mbps 전송 속도(양산 차량에서는 최대 500kbps 전송 속도를 사용)의 CAN이나 5Mbps 전송 속도의 CAN-FD로는 최근 차량에서 필요로 하는 통신 대역폭을 만족할 수 없어, 이를 해결하고자 차량용 Ethernet을 새롭게 도입하였다. Ethernet은 우리가 PC에서 사용하는 LAN 통신의 표준 규약이다. 컴퓨터 본

체에 연결된 인터넷 케이블을 통해 데이터를 주고받는 데 필요한 규약이 바로 Ethernet이다. 현재 차량에서는 기존 정보통신 분야에서 사용하는 Ethernet을 차량에서 필요로 하는 형태로 변환한 차량용 Ethernet을 사용하고 있다.

이제 차량 카메라 등의 대용량 정보를 고속으로 전송하기 위해 차량용 Ethernet을 필수적으로 사용할 것이며, 점점 더 많이 활용될 것이다. 앞으로 차량용 Ethernet의 핵심 개념을 이해하고, 이를 바탕으로 실습을 진행하여 차량용 Ethernet 통신 체계를 전반적으로 이해하고자 한다.

4.2

배경지식

4.2.1. ISO-7498: OSI 7계층

차량용 Ethernet에 대해 살펴보기 전에, 유선 통신의 기초가 되는 OSI 7계층을 먼저 이해해야 한다. 그림 4-1은 표준 규약 ISO-7498로 정의하고 있는 OSI 7계층의 구조로, 차량용 Ethernet을 이용했을 때 데이터가 전송되는 전 과정을 표현한 것이다.

그림 4-1과 같이, 모든 유선 통신은 OSI 7계층에 속하는 규약에 따라 데이터를 주고받는다. 우리가 평소에도 자주 사용하는 웹페이지에서 볼 수 있는 HTTP 등은 최상단의 응용 계층에 속한다. 응용프로그램에서 제공하는 인터페이스를 통해 특정 정보를 다른 곳으로 전송할 경우, 그대로 보내는 것이 아니라 계층을 단계별로 따라 내려가며 데이터를 가공 및 포장한다. 이후 물리 계층에서 전용 IC를 통해 전기적인 신호로 변환하여 전송하게 된다. 이렇게 전송한 데이터를 수신할 때에 물리 계층에서 전기적인 신호를 다시 이

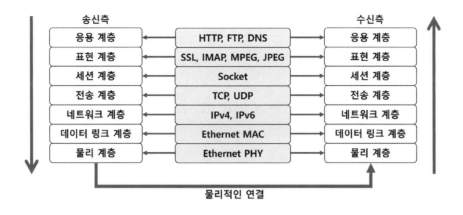

그림 4-1. Ethernet에 대한 OSI 7계층 구성도

진 코드로 변환한 후, OSI 7계층을 단계별로 올라가면서 원형의 데이터만을 볼 수 있게 된다. 택배를 안전하게 원하는 장소에 도착할 수 있도록 겉 포장을 여러 번 해서 발송하면, 무사히 도달할 때까지 중간 지점들을 거쳐 가면서 포장을 차례대로 뜯어내는 과정이라고 이해하면 된다.

4.2.2. IEEE 802.3: Ethernet 표준 프레임

MAC 주소를 기반으로 정보를 주고받는 과정에서 각각의 정보들이 손실 없이 정확한 지점으로 전송될 수 있도록 부가적인 내용을 첨가하여 하나의 프레임을 구성한다. 이때 전체적인 Ethernet 프레임 구조를 정의한 표준 규약이 바로 IEEE 802.3이다. 기본적인 구조는 다음과 같다.

그림 4-2에서는 Ethernet 프레임의 기본 요소들을 소개하고 있다. 각각의 필드를 자세히 살펴보도록 하겠다.

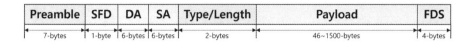

Preamble	SFD	DA	SA	Type/Length	Payload	FDS
7-bytes	1-byte	6-bytes	6-bytes	2-bytes	46~1500-bytes	4-bytes

그림 4-2. IEEE 802.3에서 정의한 표준 Ethernet 프레임 구조

1) Preamble & SFD

Preamble	SFD
10101010 10101010 10101010 10101010 10101010 10101010 10101010	10101011

그림 4-3. "Preamble" 및 "SFD"의 이진값

마이크로컨트롤러는 IEEE 802.3 기반의 Ethernet 프레임을 PHY 칩으로 전달한다. 물리 계층에서 Ethernet 프레임을 전기적인 신호로 변환하여 전송할 때, 부가적으로 전송하는 신호가 있다. 프레임 바로 앞에 "Preamble"과 "SFD"를 전송하여 수신 측 ECU에서 프레임 전송 타이밍을 잡을 수 있도록 도와준다. "Preamble"은 논리 '1'과 '0'이 번갈아 가며 반복되는 7바이트로 구성되고, "Preamble"의 끝에 '0b10101011'인 1바이트의 "SFD"를 함께 붙여 보낸다. "Preamble"을 통해 입력 타이밍을 확인한 수신 측 ECU는 "SFD"를 통해 프레임 전송의 본격적인 시작을 알아차릴 수 있다.

2) MAC 주소

데이터 링크 계층은 주로 장치별 MAC 주소를 이용하여 다중 접속을 관리한다. 우리가 사용하는 PC도 명령 프롬프트에서 MAC 주소를 확인할 수 있다. MAC 주소는 장치에 부여된 고유한 물리적 주소이므로 변할 수는 없지만, 하나의 장치가 여러 개의 MAC 주소를 가질 수는 있다. 보통 전송 방법(Unicast, Multicast, Broadcast)에 따라 주소 지정 방식이 달라진다. MAC 주소는 상위 계층에서 만들어진 데이터를 원하는 목적지로 전송하는 데 활용된다. 여기서 헷갈릴 수 있는 것은 IP 주소와 MAC 주소의 차이점이다. IP 주소는 3번째 층인 네트워크 계층에서 주로 다루는 내용인데, 특정 패킷의 출발지와 도착지의 위치만을 의미한다. 반면에 MAC 주소는 출발지부터 목적지까지 지나쳐가는 주변 장치들의 고유 주소를 의미한다. 모든 네트워크가 그렇듯이, 원하는 지점에 직접 정보를 전송할 수는 없다. 반드시 주변 장치들을 지나쳐갈 수밖에 없고, 경로가 조금이라도 잘못될 경우 엉뚱한 장치로 정보가 전송될 수 있다.

보통 Ethernet 기반의 네트워크에서 다중 접속을 효과적으로 제어하기 위해 스위치를 사용하는데, 스위치는 Ethernet 프레임에 들어있는 DA를 확인하고 해당 장치와 연결된 포트로 정보를 전달한다. 스위치에 연결된 장치들은 MAC 필터링을 통해 원하는 Ethernet 프레임만 받아들일 수 있는 것이다. DA는 프레임을 받는 장치의 MAC 주소이고, SA는 프레임을 보낸 장치의 MAC 주소이다. 이때 각각의 MAC 주소는 6바이트로 구성되고, MAC 주소의 상위 3바이트는 IEEE에서 인정한 고유 제조 번호로서, 장치가 만들어질 때 회사에 따라 각기 다른 번호가 부여된다. 이에 대한 정보는 WireShark 사에서 제공하고 있다.

그러나 모든 장치가 사전에 MAC 주소를 부여받지는 않는다. 우리가 사용하는 TC275도 고유의 MAC 주소를 갖고 있지 않다. 그 대신, 사용자가 직

```
# https://standards-oui.ieee.org/oui36/oui36.csv:
#   Content-Length: 458796
#   Last-Modified: Sun, 11 Sep 2022 16:01:26 GMT

00:00:00      00:00:00      Officially Xerox, but 0:0:0:0:0:0 is more common
00:00:01      Xerox   Xerox Corporation
00:00:02      Xerox   Xerox Corporation
00:00:03      Xerox   Xerox Corporation
00:00:04      Xerox   Xerox Corporation
00:00:05      Xerox   Xerox Corporation
00:00:06      Xerox   Xerox Corporation
00:00:07      Xerox   Xerox Corporation
00:00:08      Xerox   Xerox Corporation
00:00:09      Powerpip        powerpipes?
00:00:0A      OmronTat        Omron Tateisi Electronics Co.
00:00:0B      Matrix  Matrix Corporation
00:00:0C      Cisco   Cisco Systems, Inc
00:00:0D      Fibronic        Fibronics Ltd.
00:00:0E      Fujitsu Fujitsu Limited
00:00:0F      Next    Next, Inc.
00:00:10      Sytek   Sytek Inc.
00:00:11      Normerel        Normerel Systemes
00:00:12      Informat        Information Technology Limited
00:00:13      Camex
00:00:14      Netronix
00:00:15      Datapoin        Datapoint Corporation
00:00:16      DuPontPi        Du Pont Pixel Systems.
00:00:17      Oracle
00:00:18      WebsterC        Webster Computer Corporation   # Appletalk/Ethernet Gateway
00:00:19      AppliedD        Applied Dynamics International
00:00:1A      Advanced        Advanced Micro Devices
00:00:1B      NovelINo        Novell (now Eagle Technology)
00:00:1C      BellTech        Bell Technologies
00:00:1D      Cabletro        Cabletron Systems, Inc.
00:00:1E      TelsistI        Telsist Industria Electronica
00:00:1F      Telco   Telco Systems, Inc.
00:00:20      Dataindu        Dataindustrier Diab Ab
00:00:21      SuremanC        Sureman Comp. & Commun. Corp.
00:00:22      VisualTe        Visual Technology Inc.
```

그림 4-4. WireShark 사에서 제공하는 고유 제조 번호 목록

접 MAC 주소를 설정하고, 이를 통해 MAC 필터링 기능을 사용할 수 있다.

3) Ethernet Type/Length

MAC 주소 다음으로 나오는 "Type/Length"는 프레임 내부의 "Payload"에 대한 정보를 나타낸다. 이 값은 2바이트로 구성되는데, 값의 크기에 따라 타입 정보로 사용할 것인지, 길이로 사용할 것인지 결정된다. 해당 필드의 값이 '1,536(=0x600)' 이상일 경우 "Payload"의 타입으로 인식되고, '1,500(=0x5DC)' 이하일 경우 "Payload"의 전체 길이(바이트 수)로 인식된다. 해당 필드를 타입으로 사용하는 프레임 구조를 Ethernet II (DIX II) 프레임으로 정의하고 있고,

현재 대표적으로 사용하는 구조이다. Ethernet II 프레임의 경우, 7바이트의 "Preamble"과 1바이트의 "SFD"가 8바이트의 "Preamble"로 합쳐졌다는 것을 제외하고 구조 자체는 기존의 IEEE 802.3 표준 프레임과 유사하다. 타입에 대한 세부적인 내용은 IANA에서 제공하고 있다. 표 4-1은 자주 사용되는 Ethernet 타입을 나타낸다.

표 4-1. 자주 사용하는 Ethernet 타입 목록

	Ethernet 타입	목적
1	0x0800	IPv4
2	0x0806	ARP
3	0x8100	VLAN
4	0x86DD	IPv6

4) Payload

"Payload"는 실제로 전송하고자 하는 정보가 담겨있다. 그러나 원래의 데이터(혹은 메시지) 자체만으로 존재하지 않고, 상위 계층에서 여러 가지 부가 정보들이 함께 포함되어 데이터 링크 계층으로 전달된다. 네트워크 계층에서 패킷 단위로 정보가 가공되었다면, 패킷들을 조합하여 하나의 "Payload" 필드를 구성하는 것이다. 각각의 계층에 따라 PDU의 명칭도 달라진다.

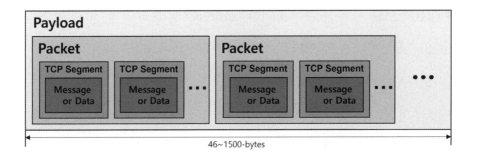

그림 4-5. "Payload" 필드의 내부 구성도

그림 4-5처럼 구성되는 "Payload"는 최소 46바이트 이상(VLAN 태그를 사용하는 경우 42바이트 이상)이어야만 하는데, 그 이유는 CD에 필요한 최소 길이가 64바이트이기 때문이다. 만약 사용자가 46바이트(VLAN 태그 사용 시 42바이트) 미만으로 "Payload"를 구성했을 경우, 자동으로 부족한 공간만큼 패딩(보통 0으로 채워 넣음) 처리한다.

5) FCS

"FCS"는 오류 검출을 위한 4바이트의 CRC이다. 이는 프레임의 전반적인 내용이 내/외부적인 요인(예: 잡음)에 의해 훼손되었는지 확인하는 용도이다.

4.3
—

실습

4.3.1. 실습 1: WireShark & 초기 설정

1) 이론 및 환경 설정

1-1) WireShark 설치 확인

Ethernet과 관련된 실습에서는 Ethernet 프레임을 육안으로 확인하고, 분석할 수 있는 WireShark가 필요하다. 해당 프로그램을 정상적으로 설치하였는지 확인하길 바란다. "개발환경 설치 및 사용 방법 소개"에서 WireShark를 설치하는 방법에 대해 자세히 설명하였으므로 생략하도록 하겠다.

1-2) 하드웨어 연결

TC275에서 Ethernet을 사용하기 위해서는 WireShark 외에도 부가적인 설정들이 필요하다. 우선 PC와 TC275를 연결하기 위해 USB 타입 랜카드를 사용하거나 본체에 직접 연결한 인터넷 케이블을 TC275에 연결한다. 만약 본인이 직접 Eclipse(코드 작성 프로그램)를 이용해 Ethernet 기반의 프로그램을 설계할 경우, USB 타입 랜카드를 사용하는 것을 권장한다. Eclipse는 PC MAC 주소에 따라 발급되는 라이선스를 인식하기 때문에, 컴퓨터 본체로 TC275의 Ethernet 케이블을 직접 연결할 경우, PC에서 인터넷을 사용할 수 없어 문제가 발생할 수 있다. 물론, PC에서 Wi-Fi를 사용하거나 실습을 위한 elf 파일만을 사용할 경우는 그대로 진행해도 무방하다.

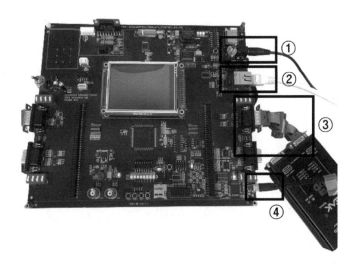

그림 4-6. TC275 전원 및 통신 케이블 연결 방법

그림 4-6은 우리가 사용하는 TC275에서 ① 전원 케이블, ② Ethernet 케이블, ③ CAN 버스 케이블, ④ 시리얼 케이블을 연결하는 방법을 소개하고 있다. 앞으로 진행되는 모든 Ethernet 실습에서 다음과 같이 연결하여 TC275를 사용할 것이며, CAN 포트가 바뀌는 경우를 제외하고 실습마다 기본적인

하드웨어 연결 방법을 따로 설명하지는 않을 것이다.

1-3) 네트워크 설정

새롭게 연결된 Ethernet 케이블이 장치 관리자에서 정상적으로 인식되는지 확인해야 한다.

그림 4-7. Ethernet 케이블 연결 확인 (장치 관리자)

그림 4-7은 USB 타입의 랜카드를 사용했을 때 장치 관리자에서 확인할 수 있는 연결 상태이다. 각각의 랜카드마다 전용 드라이버를 설치해야 할 수도 있다. 만약 장치 관리자에서 정상적으로 표시되지 않을 경우, 드라이버 설치 문제일 가능성이 크므로 다시 한번 확인해야 한다.

PC에 연결된 Ethernet은 자동으로 TCP/IP 설정이 되어있다. 이렇게 설정되어 있다면 WireShark를 통해 Ethernet 프레임을 확인할 때 계속 TCP/IP 메시지를 주고받기 때문에 우리가 원하는 프레임만 확인하기 어렵다. 따라서 우리가 전송하는 프레임만 확인할 수 있도록 해당 설정을 모두 해제한 다음 실습을 진행할 것이다.

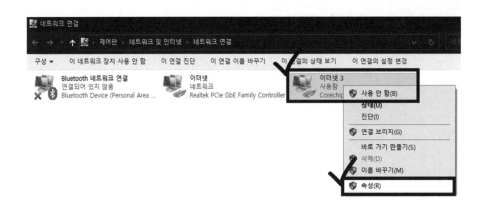

그림 4-8. TC275 전용 Ethernet 설정 (1)

Windows 10 기준으로, "제어판→네트워크 및 인터넷→네트워크 및 공유 센터→어댑터 옵션 변경"으로 들어가면, 그림 4-8처럼 기존에 사용하던 PC Ethernet 네트워크 외에, TC275와 연결된 Ethernet 네트워크가 감지될 것이다. PC의 인터넷을 끊고, TC275 Ethernet을 직접 연결하였다면, 네트워크 설정에서 Ethernet 네트워크는 한 가지만 감지된다. 해당 Ethernet 아이콘을 우클릭하여 메뉴에서 "속성"을 누르면, 그림 4-9와 같은 Ethernet 속성 창을 확인할 수 있다.

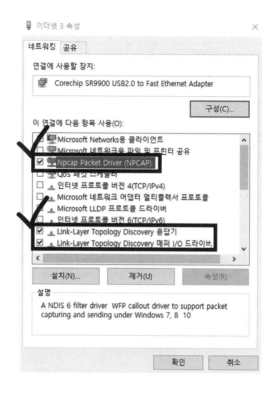

그림 4-9. TC275 전용 Ethernet 설정 (2)

그림 4-9처럼 "NPCAP", "Link-layer Topology Discovery" 설정을 제외한 나머지 모든 설정을 해제하면 된다. 여기까지가 Ethernet과 관련된 기본 소프트웨어 설정이다.

2) 실습 1-1: WireShark Ethernet 프레임 전송

2-1) 실습 방법

WireShark를 실행시키면 그림 4-10과 같은 화면을 볼 수 있다. 앞에서 우리가 TCP/IP 설정을 해제한 Ethernet을 고르면 된다.

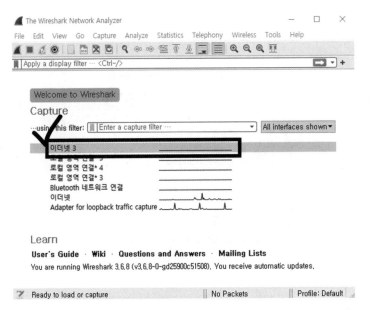

그림 4-10. WireShark의 초기 실행 화면

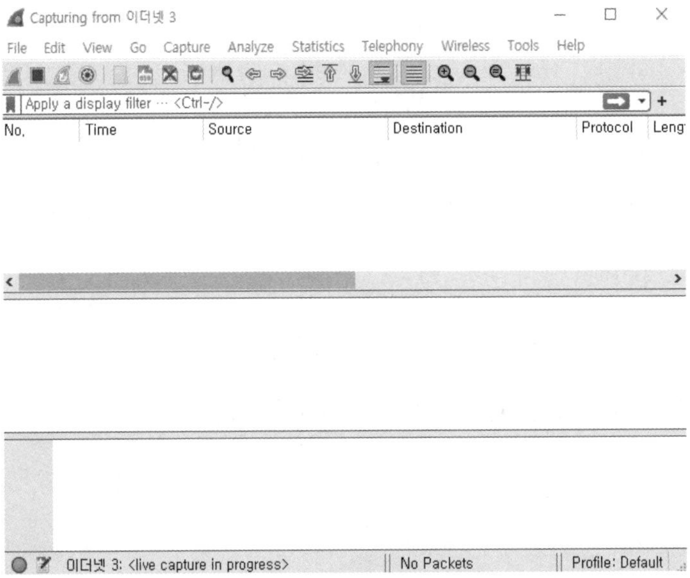

그림 4-11. WireShark의 Ethernet 채널 실행 화면

현재는 어떠한 Ethernet 프레임도 전송하고 있지 않기 때문에, WireShark 에서는 아무것도 표시되지 않는다. 실습 전용 GUI를 사용하려면, Github에 서 제공하는 "ETH_UI_EX1_PC_SEND.zip" 파일을 다운로드하고, 폴더 내 부의 "EthConfig.exe" 파일을 실행시키면 된다. 이때 반드시 exe 파일은 폴더 내부의 다른 파일들과 함께 위치해야만 한다. (되도록 exe 파일 위치를 변경하지 않은 상태에서 실행할 것) GUI를 통해 Ethernet 프레임을 전송할 때, WireShark 는 TC275 전용 Ethernet 채널을 실행한 상태여야만 한다. GUI가 열리지 않을 경우, 앞서 설치한 "WinPcap"과 관련된 문제가 발생한 것이다. 이 경우 재 설치를 권장한다. 다른 예로, 보드에 전원을 인가하지 않는 경우, WireShark 에서 TC275의 Ethernet 포트가 정상적으로 인식되지 않는다.

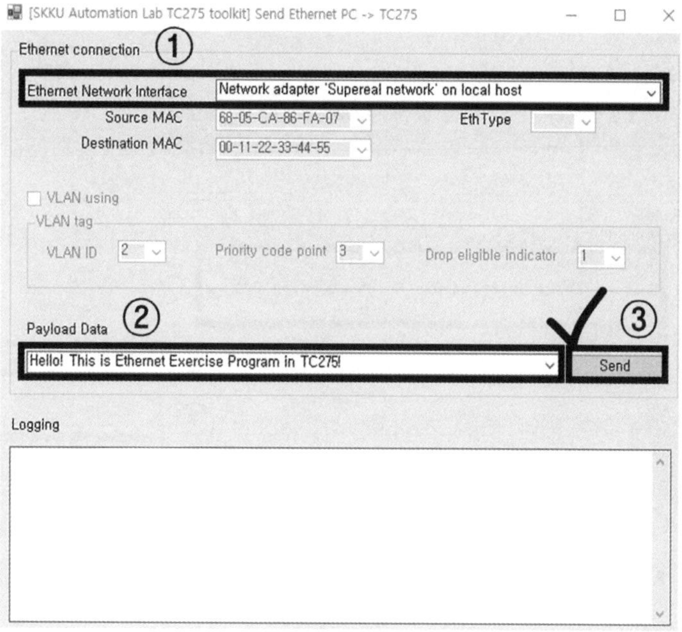

그림 4-12. 실습 1-1의 GUI 설정

① 처음 GUI를 열었을 때, "Ethernet Network Interface"가 올바르게 설정되었는지 확인해야 한다.

② 장치 연결이 제대로 되어있다면, GUI의 "Payload Data" 영역에 그림 4-12와 같이 "Hello! This is Ethernet Exercise Program in TC275!"라고 입력한다.

③ 마지막으로 Send 버튼을 눌러 Ethernet 프레임을 전송하면 된다. 정상적으로 전송하였다면, WireShark에서 Ethernet 프레임이 어떻게 전송되었는지 확인할 수 있다.

2-2) 실습 결과

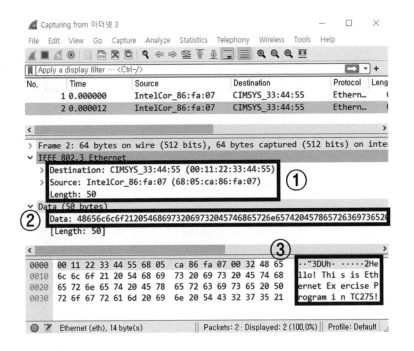

그림 4-13. 실습 1-1의 WireShark 측정 결과

전송된 Ethernet 프레임을 자세히 살펴보면, IEEE 802.3에 기반한 Ether-
net 프레임 구조와 일치함을 확인할 수 있다.

① 6바이트의 DA와 SA, 2바이트의 "Ethernet Type/Length"가 GUI에서
설정한 값과 같다는 것을 확인할 수 있다.

② "Data"는 전송한 데이터가 16진수로 어떻게 표현되는지 볼 수 있다.

③ WireShark의 우측 하단에서 전송한 데이터를 ASCII 문자 형태로 볼 수
있다. 이를 통해 GUI에서 설정한 값과 같은 메시지가 전송되었음을 확
인할 수 있다.

여기서 "Preamble"과 "SFD"는 물리 계층에서 처리되므로 WireShark를 통
해 확인할 수 없다.

2-3) WireShark LLC 설정 해제

처음 WireShark를 사용하는 경우, "Data" 필드의 앞부분이 자동으로 "Log-
ical Link Control" 영역으로 인식될 것이다. 이는 WireShark에서 IEEE 802.2
에 기반한 LLC 규약이 적용되어 있기 때문이다. 이를 해제하기 위해서는, 그
림 4-14와 같이 "Analyze" → "Enabled Protocols…"로 들어간 다음, 그림
4-15와 같이 LLC 규약과 관련된 모든 설정을 해제하면 된다.

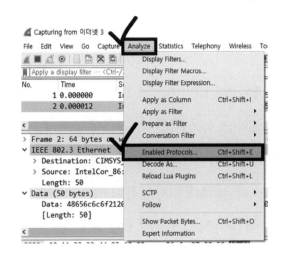

그림 4-14. LLC 규약 설정 해제 방법 (1)

그림 4-15. LLC 규약 설정 해제 방법 (2)

지금까지 PC에서 원하는 메시지를 Ethernet 프레임에 넣어 전송하고, 이를 WireShark로 확인해봤다. 실습에서는 상위 계층을 전혀 고려하지 않고, Ethernet 프레임에 원하는 메시지만 넣어서 보내보았다. "Ethernet Type/Length"의 값이 '1,500(=0x5DC)' 미만이기 때문에, 해당 프레임은 IEEE 802.3에 기반한 것으로 인식된다.

3) 실습 1-2: TC275→PC Ethernet 프레임 전송

3-1) 실습 방법

이제 TC275에서 PC로 Ethernet 프레임을 전송할 것이다. Github에서 제공하는 "ETH_Ex1_Tricore.elf" 파일을 다운로드하고, UDE-STK를 통해 TC275에 해당 elf 파일을 삽입하면 된다. 2장에서 설명했듯이, 작업 환경을 열고 "File" → "Load Program"을 통해 원하는 elf 파일을 실습 보드에서 실행할 수 있다.

그림 4-16. 프로그램 실행 시 실습 보드의 LCD 초기 상태

실습 프로그램을 실행시키면, 실습 보드의 LCD에 그림 4-16과 같은 이미지가 표시된다.

Github에서 "ETH_UI_Ex1_TC275_SEND.zip" 파일을 다운로드하고, 폴더 내부의 "Ethernet_UI.exe" 파일을 실행시키면, 그림 4-17과 같은 화면이 표시된다.

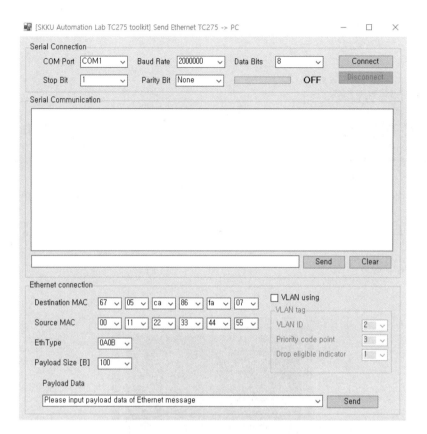

그림 4-17. 실습 1-2의 GUI 초기 화면

TC275에 Ethernet 프레임 전송 명령을 전달하기 위해, 우리는 시리얼 통신을 사용할 것이다. 가장 먼저 PC와 TC275 간 시리얼 통신을 연결해줘야 한다. 통신 포트는 사용자마다 다르게 설정되므로 장치 관리자를 통해 어떤 포트가 TC275의 시리얼 통신 케이블과 연결되었는지 확인해야 한다.

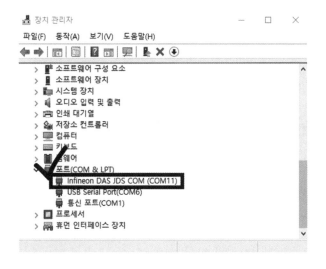

그림 4-18. 장치 관리자 포트 확인 방법

그림 4-18처럼, 장치 관리자의 "포트(COM & LPT)" 영역에서 "Infineon DAS JDS COM"의 포트 번호를 확인한다.

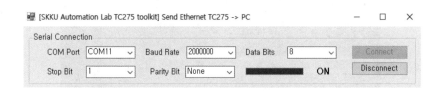

그림 4-19. 실습 1-2의 GUI 시리얼 통신 연결 상태

GUI의 "Serial Connection" 설정에서 "COM Port"를 제외한 나머지 설정들은 기본값을 그대로 사용하면 된다. 포트 번호를 제대로 설정했다면, GUI 우측 상단에 "Connect" 버튼을 누르면 된다. 정상적으로 연결되었다면, 그림

4-19와 같이 GUI에 표시된다.

이제 시리얼 통신으로 TC275에 Ethernet 프레임 전송 명령을 전달하면 된다. GUI 하단에서 전송하고자 하는 Ethernet 프레임을 설정할 수 있다. 여기서 주의할 점은, DA를 정확하게 설정하지 않으면 Ethernet 프레임을 정상적으로 전송할 수 없는 것이다. MCU의 Ethernet MAC모듈이 PC의 MAC 주소와 일치하지 않는 Ethernet 프레임을 걸러내기 때문이다. PC의 MAC 주소를 확인하는 방법은 다음과 같다. 실행(windows 키+R) 창에서 "cmd"를 입력하거나, 명령 프롬프트를 검색해서 실행하고, 그림 4-20과 같이 "ipconfig /all" 명령어를 입력하면 PC의 MAC 주소를 확인할 수 있다.

그림 4-20. PC MAC 주소 확인 방법

TC275를 PC와 직접 연결한 경우, 명령 프롬프트에서 확인할 수 있는 MAC 주소를 DA로 사용하면 된다. 이외에, USB 타입의 랜카드를 사용하여 TC275를 연결한 경우, PC의 MAC 주소 대신 랜카드의 MAC 주소를 사용해야 한다. 랜카드의 MAC 주소를 확인하는 방법은 그림 4–21, 그림 4–22 와 같다.

그림 4-21. USB 타입 랜카드 MAC 주소 확인 방법 (1)

그림 4-22. USB 타입 랜카드 MAC 주소 확인 방법 (2)

"네트워크 연결(혹은 어댑터 옵션 변경)"에서 해당 Ethernet 네트워크에 대한 속성 창을 열고, 상단의 장치 이름에 마우스 포인터를 갖다 대면, 해당 랜카 드에 대한 MAC 주소를 확인할 수 있다.

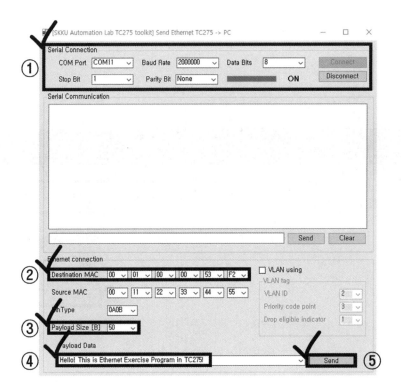

그림 4-23. 실습 1-1의 GUI 전체 설정 (사용자마다 다름)

① 시리얼 통신 설정을 완료한 후, "Connect" 버튼을 눌렀을 때, 오류 메시지 없이 "ON"이라고 GUI에 표시되면 성공적으로 PC와 TC275가 연결된 것이다.

② 전송받고자 하는 장치의 DA를 알맞게 입력한다.

③ 전송하고자 하는 메시지의 전체 길이를 계산하고, GUI에 해당 메시지와 길이를 입력하면 된다. 메시지의 전체 길이를 계산할 때, 공백 문자 (=0x20)도 포함해야 한다.

④ "Send" 버튼을 눌러 시리얼 통신을 통해 전송 명령을 TC275로 전달한다. (버튼을 누르기 전에, WireShark가 동작 중인지 확인할 것)

3-2) 실습 결과

시리얼 통신을 통해 TC275에 Ethernet 프레임 전송 명령을 전달하면, TC275는 내부적인 처리를 통해 Ethernet 프레임을 생성하고, 이를 다시 PC로 전송한다. TC275가 어떤 형태의 Ethernet 프레임을 전송하였는지는 그림 4-24처럼 실습 보드의 LCD를 통해 확인할 수 있다.

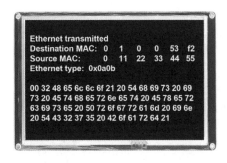

그림 4-24. 실습 1-2에 대한 LCD 출력 결과

다음으로, Ethernet 프레임이 어떻게 전송되었는지 WireShark를 통해 확인해볼 것이다.

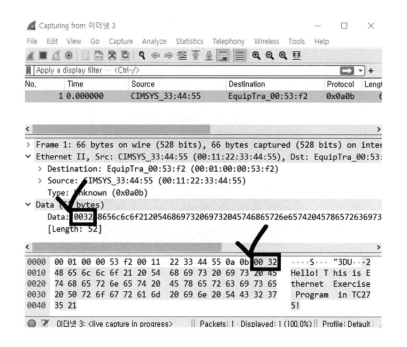

그림 4-25. 실습 1-2의 WireShark 측정 결과

그림 4-25에서 표시한 부분과 같이 실습 1-2에서는 "Payload"의 맨 앞에 메시지의 전체 길이를 2바이트로 표시하였다. 따라서 "Ethernet Type"인 '0x0a0b' 다음에 "Payload Size [B]"로 설정한 '0x0032' 값이 나오고, 그 뒤에 메시지가 따라온다. 만약, TC275에서는 정상적으로 전송한 Ethernet 프레임의 정보가 표시되지만 WireShark에서는 표시되지 않을 경우, DA를 잘못 설정한 것이므로 다시 확인해야 한다.

4) 실습 1-3: Ethernet 프레임 패딩 과정 확인

4-1) 실습 방법

이제까지 PC와 TC275, 두 가지 환경에서 Ethernet 프레임을 전송해보았다. 마지막으로, Ethernet 프레임의 "Payload"가 46바이트를 넘지 않는 경우, 어떻게 Ethernet 프레임이 표시되는지 확인할 것이다.

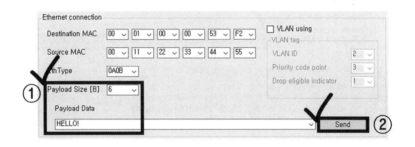

그림 4-26. 실습 1-2의 GUI 수정 사항

① 그림 4-26처럼, 앞서 실습 1-2에서 사용한 GUI에서 나머지 설정은 그대로 유지한 채, "Payload Size"를 '6'으로, "Payload Data"를 "HEL-LO!"로 수정한다.

② "Send" 버튼을 누른 후, WireShark에 표시되는 Ethernet 프레임을 확인한다.

4-2) 실습 결과

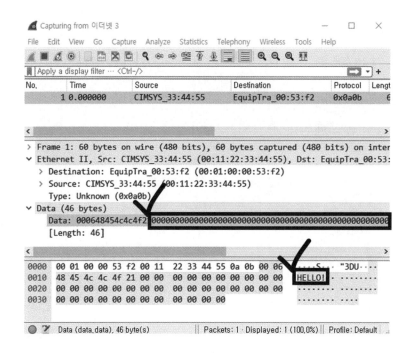

그림 4-27. 실습 1-3의 WireShark 측정 결과

분명히 6바이트 메시지만 전송했는데, 그림 4-27처럼 "Payload"가 46바이트만큼 꽉 채워진 상태로 전송되었음을 확인할 수 있다. (TC275의 LCD에서는 패딩 정보가 자동으로 걸러져서 출력됨) 이는 앞서 "배경지식"에서 설명했듯이, CD 계산 과정에 필요한 최소한의 시간을 보장하기 위해, Ethernet 프레임 전체 길이가 최소한 64바이트 이상이어야 하기 때문이다.

이것으로 Ethernet 통신 기본 실습 3가지 및 초기 설정과 관련된 모든 내용을 살펴보았다. 다음 단원에서는 Ethernet-CAN 통신 간 메시지 변환 과정에 대해 다루도록 하겠다.

4.3.2. 실습 2: Ethernet-CAN 변환

1) 이론 및 환경 설정

1-1) 차량 네트워크 구조

차량용 Ethernet이 도입된 이후, 차량 네트워크 구조는 다음과 같이 구성되고 있다.

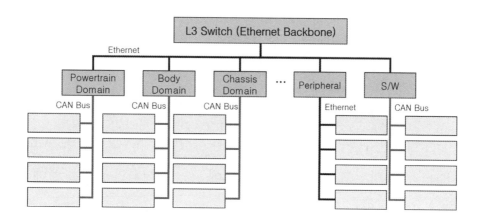

그림 4-28. 도메인 기반 차량 네트워크 구조 예시

차량 네트워크에서는 그림 4-28과 같이, Ethernet과 CAN 통신을 함께 사용하고 있다. CAN 통신의 경우 하나의 프레임 당 최대 8바이트까지만 데이터를 전송할 수 있고, Ethernet의 경우 하나의 프레임 당 최대 1,500바이트까지 데이터를 전송할 수 있다. 이러한 특성 차이로 인해 Ethernet 프레임에 담겨있는 정보 그대로를 CAN 통신으로 보낼 수 없고, 두 가지 통신 간 데이터 변환 과정이 필요하다.

　이번 실습에서는 PC에서 TC275로 Ethernet 프레임을 전송하면, 여러 개의
CAN 프레임으로 잘게 쪼개어 다시 PC로 전송하는 과정을 확인하고자 한다.
실습을 진행하기에 앞서, CAN 프레임의 구조를 다시 한번 살펴볼 것이다.

1-2) CAN 프레임 구조

그림 4-29. ISO-11898에서 정의한 표준 CAN 프레임 구조

　CAN 프레임에 대한 전체적인 내용은 이전 단원에서 다뤘기 때문에, 이번
실습에서 필요한 부분만 간단히 살펴보도록 하겠다. CAN 프레임의 "Arbitra-
tion Field"에 속하는 "Identifier"는 프레임에 담긴 데이터의 특성을 나타내는
고유 ID 값이다. "Identifier"를 비교하여 프레임 간의 우선순위를 정할 수 있
고, 이를 통해 CAN 버스에서의 전송 충돌을 방지할 수 있다. "DLC"는 "Data
Field"에 들어있는 데이터의 길이를 나타내며, '0'~'8'까지 설정할 수 있다.
CAN 통신에서 우리가 전송하고자 하는 데이터는 "Data Field"에 최대 8바이
트까지 삽입할 수 있다. CAN-FD의 경우 64바이트까지 전송할 수 있으므로
"DLC" 값을 '0'~'16'까지 설정할 수 있다.

2) 실습 2-1: Ethernet-CAN 변환

2-1) 실습 방법

실습 2-1을 진행하기 위해, Github에서 제공하는 "ETH_UI_Ex2.zip"과 "ETH_Ex2_Tricore.elf" 파일을 다운로드해야 한다. UDE-STK를 이용하여 TC275에 해당 elf 파일을 삽입하고, WireShark, PCAN-View, 실습 GUI를 모두 실행시키면 된다. PCAN 장치의 1번 채널 포트를 TC275의 CAN D 채널 포트와 연결하고, 그림 4-30과 같이 설정한다.

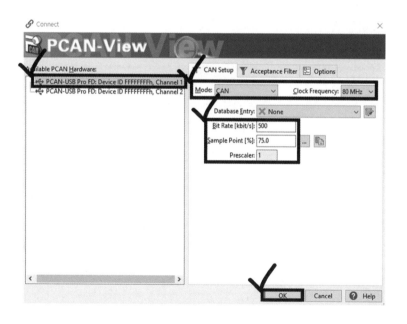

그림 4-30. PCAN-View 초기 설정

PCAN-View를 사용하는 방법은 이전 단원에서 설명하였으므로 생략한다. GUI는 "ETH_UI_Ex2.zip" 파일 내부의 "EthConfig.exe"를 실행시키면 된다. 이번 실습에서 사용하는 GUI는 실습 1-1에서 사용했던 GUI와 거의 유사하다. 한 가지 다른 점은, "Data"의 전체 길이를 "Payload" 필드의 맨 앞에 추가해서 Ethernet 프레임을 전송한다. "Ethernet Network Interface"를 올바르게 설정하였는지 확인하고, 그림 4-31과 같이 나머지 설정은 그대로 유지한 채, "Payload Data" 영역에 "Hi Everybody! This is SKKU Automation Lab!"이라는 메시지를 입력하여 Ethernet 프레임을 전송해보자. 메시지를 보내기 전에, PCAN-View의 좌측 하단에서 채널 연결 여부를 확인해야 한다.

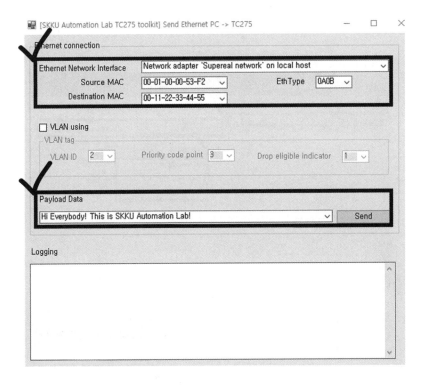

그림 4-31. 실습 2-1 GUI 설정

2-2) 실습 결과

Ethernet 프레임이 정상적으로 전송되었다면, WireShark에서 그림 4-32와 같이, PCAN-View에서 그림 4-33과 같이 출력되어야만 한다. WireShark에 출력된 Ethernet 프레임은 Ethernet Type이 '1,536(=0x600)' 이상으로 설정되었으므로 Ethernet II 표준으로 인식되고, "Payload" 필드의 맨 앞에 "Data"의 전체 길이를 2바이트로 표현한 것을 확인할 수 있다. 여기서 일부는 약간 이상한 점을 찾았을 것이다. "Data"의 전체 길이는 '0x2a', 즉 42바이트로 입력되어 있는데, WireShark에서 측정한 "Payload" 필드의 전체 길이는 46바이트임을 확인할 수 있다. 이는 앞서 실습 1-3에서 다뤘던 Ethernet 패딩 기능과 관련이 있다. VLAN 기능을 사용하지 않을 때, "Payload" 필드의 전체 길이가 46바이트를 넘지 못했기 때문에, "Payload" 필드 맨 앞의 전체 길이 정보 2바이트를 고려하여 메시지 맨 끝에 '0'으로 2바이트만큼 패딩 처리되어 있음을 확인할 수 있다. (전체 길이 2바이트+데이터 42바이트+패딩 2바이트)

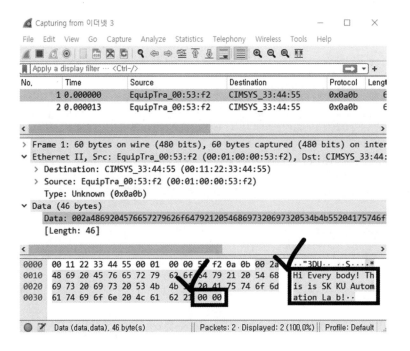

그림 4-32. Ethernet 프레임 전송 결과 (WireShark)

Ethernet 프레임을 통해 받은 메시지는 TC275에서 8바이트 단위로 쪼갠 후, CAN 프레임을 통해 다시 PC로 전송된다. 이때 "Payload" 필드의 맨 앞에 붙였던 "Data"의 전체 길이 2바이트는 CAN 프레임으로 전송하지 않는다. CAN 프레임의 "Identifier"는 0부터 시작하여 1씩 증가하면서 전송된다. 8바이트씩 쪼개다 보면, 마지막에 남은 메시지가 8바이트 미만일 수 있는데, 이 경우 DLC를 조절하여 해당 메시지만큼만 CAN 프레임을 전송한다.

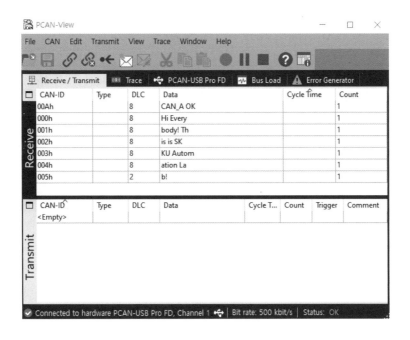

그림 4-33. Ethernet 프레임 전송 결과 (PCAN-View)

한 가지 헷갈릴 수 있는 점은, 우리가 GUI에서 "Payload Data" 영역에 입력한 메시지는 ASCII 문자로, 각각의 문자를 1바이트의 16진수 값으로 표현한 것이다. 그러므로 "Space bar"를 눌러 입력한 공백도 하나의 문자로 취급된다. 표 4-2는 Ethernet을 통해 전송한 메시지와 ASCII 문자 값을 대조한 것이다.

표 4-2. 전송한 메시지에 대한 ASCII/16진수 대조

ASCII	H	i		E	v	e	r	y	b	o	d
HEX	0x48	0x69	0x20	0x45	0x76	0x65	0x72	0x79	0x62	0x6F	0x64
ASCII	y	!		T	h	i	s		i	s	
HEX	0x9	0x21	0x20	0x54	0x68	0x69	0x73	0x20	0x69	0x73	0x20

ASCII	S	K	K	U		A	u	t	o	m	a
HEX	0x53	0x4B	0x4B	0x55	0x20	0x41	0x75	0x74	0x6F	0x6D	0x61
ASCII	t	i	o	n		L	a	b	!		
HEX	0x74	0x69	0x6F	0x6E	0x20	0x4C	0x61	0x62	0x21		

PCAN-View에서 Data 필드의 값을 ASCII 문자가 아닌, 16진수로 확인하고 싶은 경우, 그림 4-34와 같이, 모든 프레임을 선택한 후 마우스 우측 버튼을 누르면, 출력 형식을 설정할 수 있다. "Data Bytes Format" → "Hexa-decimal"로 설정하여 표 4-2와 동일한 결과가 출력되었는지 확인해보자.

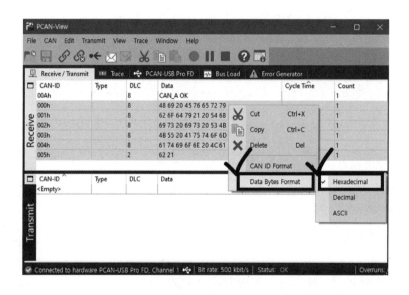

그림 4-34. PCAN-View 데이터 출력 형식 변경 방법

메시지를 8바이트씩 쪼갤 때, 남는 문자열 "b!"은 8바이트 미만이므로, 마지막으로 전송된 CAN 프레임의 DLC는 2로 설정되었음을 확인할 수 있다.

지금까지 Ethernet-CAN 간 변환 과정에 대해 실습해보았다. 이러한 방법은 다수의 ECU가 여러 가지 통신 기법으로 연결되는 차량 네트워크에서 흔히 사용될 수밖에 없다. 다른 메시지도 보내보면서 해당 내용을 확실히 숙지하길 바란다. 다음 단원에서는 신호 기반 라우팅 방법에 대해 다루도록 하겠다.

4.3.3. 실습 3: 신호 기반 라우팅

1) 이론 및 환경 설정

이전 실습에서는 Ethernet 프레임에 한 가지 정보(메시지)만을 삽입하여 전송하였다. 실제 차량 네트워크에서는 매우 큰 멀티미디어 데이터가 아닌 이상, Ethernet 프레임으로 여러 가지 정보를 동시에 전송한다. 이 과정에서, 여러 ECU에 원하는 정보를 전송하기 위해 라우팅 방법이 사용된다. 라우팅은 특정 신호를 원하는 목적지까지 전송하기 위한 최적의 경로를 탐색하는 방법이다. 라우팅 방법도 목적에 따라 여러 가지로 나뉠 수 있는데, 이번 실습에서는 Ethernet 프레임에 들어있는 여러 가지 신호들을 정확하게 분배할 수 있는 "신호 기반 라우팅"에 대해 알아보고자 한다. 차량 네트워크에서 신호 기반 라우팅에 대한 간단한 예시를 들자면, 그림 4-35와 같다.

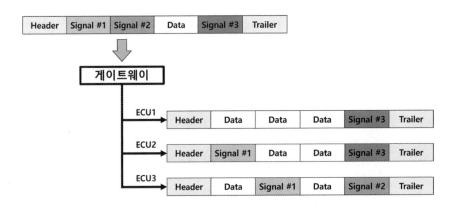

그림 4-35. 신호 기반 라우팅 시 장치별 신호 필터링 예시

게이트웨이에서 여러 가지 신호가 포함된 정보를 받았을 때, 각각의 신호에 알맞은 경로를 설계하기 위해 신호 기반 라우팅이 사용된다. 그림 4-35에서는 각각의 장치가 필요로 하는 신호를 분배하여 전송하는 과정을 예시로 나타내었다. 이 과정에서 여러 가지 통신 규약 간 변환 과정이 필요할 수도 있고, 라우팅을 수행하는 게이트웨이는 반드시 라우팅 테이블을 갖고 있어야만 한다. 표 4-3은 차량 네트워크에서 사용되는 라우팅 테이블의 예시를 나타낸다.

표 4-3. 게이트웨이 라우팅 테이블 예시

Category	Signal Index	Source Area				Destination Area			
		Interface	ID	Start Bit	Size	Interface	ID	Start Bit	Size
ADAS	1	Ethernet	0x001	1	480	CAN-FD	1	1	480
ADAS	2	Ethernet	0x002	500	480	CAN-FD	2	1	480
ADAS	3	Ethernet	0x003	1,000	480	CAN-FD	1	1	480
ABS	4	LS-CAN	0x001	1	8	HS-CAN	2	1	8

ABS	5	LS-CAN	0x002	9	15	HS-CAN	1	1	15
ABS	6	LS-CAN	0x003	24	8	HS-CAN	1	16	8
ESP	7	HS-CAN	0x001	1	16	LS-CAN	2	1	16
ESP	8	HS-CAN	0x002	17	10	LS-CAN	2	17	10
ESP	9	HS-CAN	0x003	27	12	LS-CAN	2	27	12
ESP	10	HS-CAN	0x004	39	8	LS-CAN	2	39	8

2) 실습 3-1: 신호 기반 라우팅 ("AUTO" Mode)

2-1) 실습 방법

차량 네트워크에서의 신호 기반 라우팅 실습을 진행하기 위해서는, 기본적으로 여러 대의 TC275가 필요하다. 그러나 TC275를 한 대만 소지하고 있는 경우도 고려해야 하므로, 교재에서는 약식으로 한 대의 TC275로만 신호 기반 라우팅 실습을 진행할 것이다.

그림 4-36. 실습 3의 네트워크 구성도

그림 4-36과 같이 실습 환경을 구성하면 된다. Ethernet을 통해 여러 가지 신호가 포함된 프레임을 전송하면, 게이트웨이 역할의 TC275에서 각각의 신호들을 분리하여 CAN D 채널로 전송한다. 원래대로라면, 여러 대의 ECU(TC275)를 게이트웨이에 연결하여 각각의 제어 신호를 전송하는 실습이지만, 혼자서도 충분히 실습을 진행할 수 있도록 축소한 것이다. 게이트웨이의 CAN D 채널에서 나온 출력은 다시 CAN A 채널로 받고, 해당 신호에 따라 LED 및 LCD를 제어하게 된다.

실습 3-1을 진행하기 위해 Github에서 "ETH_UI_Ex3.zip" 파일과 "ETH_Ex3_Tricore.elf" 파일을 다운로드하면 된다. UDE-STK를 이용하여 TC275에 해당 elf 파일을 업로드하고, 실습 3 전용 GUI를 열면, 그림 4-37과 같은 화면이 표시된다.

그림 4-37. 실습 3 전용 GUI 초기 화면

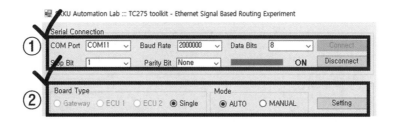

그림 4-38. 실습 3-1의 GUI 설정 (1)

이제 단계별로 실습 GUI를 설정해보겠다.

① 가장 먼저, GUI 좌측 상단의 "Serial Connection"을 설정하면 된다. 이미 이전 실습에서 많이 해봤으므로, 길게 설명하지 않겠다. 자신의 환경에 맞는 COM 포트를 설정한 다음, "Connect" 버튼을 누르면 된다. 그림 4-38과 같이 "ON" 문자가 표시되었다면, 성공적으로 설정이 완료된 것이다.

② 다음으로, 시리얼 통신 설정 하단에 위치한 "Board Type"과 "Mode"를 설정한다. 1대의 TC275만을 사용하므로 "Board Type"을 "Single"로 설정하고, "Mode"는 "AUTO"로 설정한다. "AUTO"로 설정할 경우, 프로그램상에서 만들어져 있는 "Auto" Mode 라우팅 테이블을 이용하게 된다. 설정한 다음 "Setting" 버튼을 눌러보면, TC275의 모든 LED가 깜박이는 것을 확인할 수 있다. LED가 정상적으로 깜박이지 않는다면 TC275에 프로그램이 제대로 삽입되지 않은 것이므로 다시 확인하길 바란다. Ethernet 프레임을 전송하기 전에 반드시 이 설정 과정을 거쳐야만 한다. 설정을 생략할 경우, CAN 초기 설정이 이뤄지지 않아 프레임을 전송시 TC275에서 디버깅 오류가 발생할 수 있다. 이제 GUI

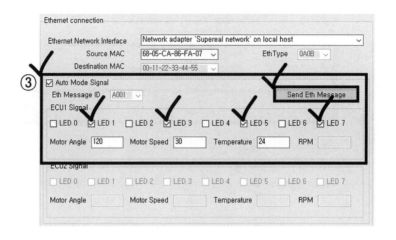

그림 4-39. 실습 3-1의 GUI 설정 (2)

의 우측으로 넘어가서 나머지 설정을 진행할 것이다.

③ "Auto Mode Signal"을 선택하면, "ECU1 Signal" 영역이 활성화된다. 그림 4-39처럼 설정하고 "Send Eth Message" 버튼을 누르면 된다. 버튼을 누르기에 앞서, 신호 기반 라우팅 과정을 분석하기 위해 반드시 WireShark와 PCAN-View를 실행하였는지 확인하길 바란다. 전송 버튼을 누르면, PC에서 Ethernet 프레임에 여러 가지 신호를 삽입하여 TC275로 전송하고, 게이트웨이 역할의 TC275는 다시 CAN 프레임에 신호들을 분배하여 CAN D 채널을 통해 전송한다. 이러한 라우팅 과정을 확인하기 위해 CAN D 채널과 CAN A 채널을 연결하였으므로, 제어 신호에 따른 결과는 게이트웨이에 나타난다. GUI에서 설정한 제어 신호 중, LED 제어 신호는 TC275 하단에 위치한 8개의 LED를 제어할 수 있고, 나머지 제어 신호("Temperature", "Motor Angle", "Motor Speed")는 TC275 중앙의 LCD에 표시되는 값을 제어할 수 있다.

2-2) 실습 결과

TC275에서 육안으로 확인할 수 있는 결과는 그림 4-40과 같다.

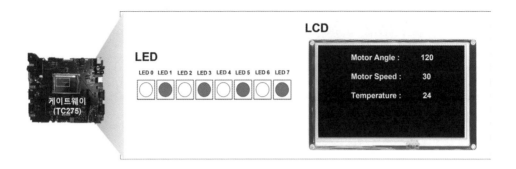

그림 4-40. 실습 3-1에 대한 TC275 출력 결과

이제 본격적으로 라우팅 과정을 살펴볼 것이다. 먼저 Ethernet 프레임을 분석하기 위해 WireShark를 확인하겠다.

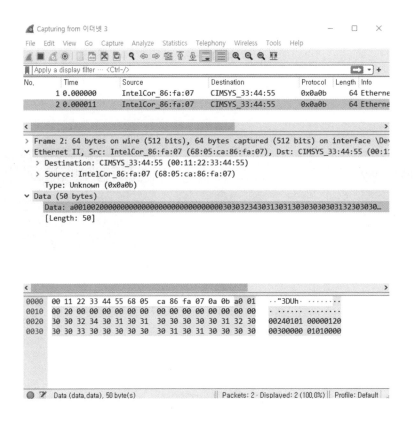

그림 4-41. 실습 3-1의 WireShark 측정 결과

WireShark에서 확인할 수 있는 Ethernet 프레임의 구조를 표 4-4를 통해 일렬로 표현하도록 하겠다.

표 4-4. 신호 기반 라우팅을 위한 Ethernet 프레임 구성

Ethernet Frame										
Frame Header			Payload							
			Message Header			Signal				
DA	SA	Type	Msg ID	Total Length	...	Sig #7	Sig #1	Sig #5	Sig #9	Sig #2

"Msg ID"는 여러 가지 신호가 담겨있는 "Payload"의 분류를 의미한다고 보면 된다. "Signal" 영역을 살펴보면, 우리가 GUI에서 입력했던 값들이 AS-CII 코드 형태의 "Signal"로 표현되었음을 확인할 수 있다. "Sig #9"는 ECU 2에 대한 제어 신호인데, 현재 실습에서는 사용하지 않으므로 무시해도 된다. 이러한 Ethernet 프레임을 TC275로 전송하면, 프로그램에 포함된 라우팅 테이블에 따라 여러 개의 CAN 프레임을 생성하게 된다. "AUTO" Mode로 동작할 때, 프로그램에 포함된 라우팅 테이블은 표 4-5와 같다.

표 4-5. 실습 3-1의 "AUTO" Mode 라우팅 테이블

Category	Signal Index	Source Area				Destination Area			
		Interface	ID	Start Byte	Size (Byte)	Interface	ID	Start Byte	Size (Byte)
Example	1	Ethernet	0xA001	36	8	CAN D	0x001	0	8
Example	2	Ethernet	0xA001	52	8	CAN D	0x002	0	8
Example	5	Ethernet	0xA001	44	8	CAN D	0x005	0	8
Example	7	Ethernet	0xA001	32	4	CAN D	0x007	0	4

게이트웨이 역할의 TC275는 표 4-5에 명시된 테이블에 따라 라우팅 작업을 수행한다. 각각의 신호들에 따라 생성된 CAN 프레임은 CAN D 채널로 전송되고, 이러한 CAN 메시지를 다시 CAN A 채널로 수신한다. CAN 프레임에 담겨있는 제어 신호에 따라 LED 및 LCD를 원하는 대로 설정할 수 있다. 이제 PCAN-View를 통해 게이트웨이가 생성한 CAN 프레임을 살펴보겠다.

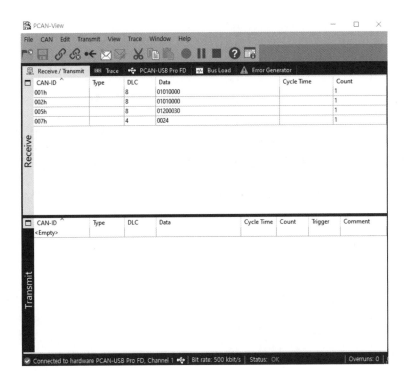

그림 4-42. 실습 3-1의 PCAN-View 측정 결과

생성된 CAN 프레임은 총 4개로, 표 4-5와 동일하게 생성되었음을 확인할 수 있다. 지금까지 정해진 라우팅 테이블에 따라 Ethernet 프레임에 담겨 있는 신호를 라우팅하는 과정에 대해 실습을 진행하였다. 실험에서는 한 대의 ECU만을 연결하였지만, 실제 라우팅 과정에서는 여러 대의 ECU를 연결한 다음, 각각의 장치가 필요로 하는 신호들을 전송하기 위해 최적의 경로를 설정한다. 흔히 게이트웨이에서는 경로에 따라 CAN 프레임의 "Identifier"를 달리 설정하여 각기 다른 ECU로 전송할 수 있다. 이번 실습은 실제 라우팅과 비교했을 때 과정 자체는 같지만, 제어 신호에 의한 결과를 확인해보기 위해 CAN 메시지를 다시 게이트웨이로 받은 것일 뿐이다.

3) 실습 3-2: 신호 기반 라우팅 ("MANUAL" Mode)

3-1) 실습 방법

지금까지는 프로그램에 자체적으로 생성되어 있는 라우팅 테이블을 사용하여 신호 기반 라우팅 실습을 진행해보았다. 이번 실습에서는 미리 정해진 라우팅 테이블이 아닌, 사용자가 직접 설정할 수 있는 라우팅 테이블을 사용해보고자 한다. 실습에 사용되는 GUI와 elf 파일은 이전 실습과 동일하다. 단, 실습 3-1을 진행한 상태에서 바로 실습 3-2를 진행하는 경우, 반드시 TC275를 초기화(재실행)하길 바란다. 실습 3-1과 실습 3-2의 CAN 포트 설정이 중복되기 때문에 실습 3-1에 대한 "AUTO" Mode 설정이 적용된 상태에서 "MANUAL" Mode로 설정하면, 정상적으로 실습을 진행할 수 없다. TC275를 초기화하는 방법은 다음과 같다.

그림 4-43. TC275 초기화 방법 (1)

그림 4-44. TC275 초기화 방법 (2)

만약 실시간으로 디버깅하고 있다면, 그림 4-43과 같이, UDE-STK에서 "Reset" 버튼을 누르면 된다. 또 다른 방법으로는, 그림 4-44와 같이, TC275의 Reset 스위치를 누르면 된다. "Auto" Mode에 대한 GUI 설정도 초기화하기 위해 GUI를 닫았다가 다시 실행하는 것을 권장한다.

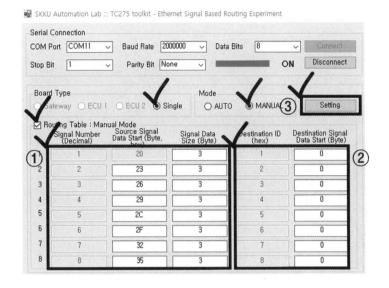

그림 4-45. 실습 3-2의 GUI 설정 (1)

TC275를 초기화한 다음, "MANUAL" Mode 실습을 진행하기 위해 그림 4-45처럼 실습 GUI를 설정하길 바란다. 모든 경우의 수를 고려하여 프로그램을 설계하는 것은 불가능하므로, 부분적으로 라우팅 테이블에 제한("Signal Number", "Destination ID" 등을 고정)을 두었다.

① "Signal Data Size"는 0~4바이트 사이에서 자유롭게 설정할 수 있고, 이에 따라 "Source Signal Data Start" 값을 계산하면 된다. Ethernet 프레임의 구조에서 신호가 포함되는 영역의 시작 지점은 '0x20(=32)'으로 고정하였다.

② "Destination Interface"가 CAN이므로 "Destination Signal Data Start" 값은 '0'~'7' 사이에서만 설정할 수 있고, 신호가 잘리지 않도록 길이를 고려해야만 한다.

③ 라우팅 테이블까지 설정을 완료했다면, "Setting" 버튼을 눌러 해당 정

보를 TC275로 전송하면 된다. 제대로 라우팅 테이블이 전송되었다면, TC275의 모든 LED가 깜박인다. 이제 직접 설계한 라우팅 테이블에 따라 원하는 신호를 전송할 수 있는 것이다.

우선, 연습을 위해 그림 4-45에서 설정한 예시 테이블을 이용할 것이다. 그림 4-46과 같이 "Manual Mode Signal" 영역을 설정하면 된다.

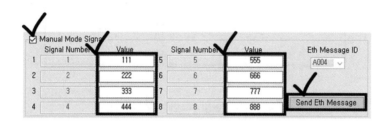

그림 4-46. "MANUAL" Mode 신호 설정

각각의 신호를 라우팅 테이블의 "Signal Data Size"에 맞게 설정하였다면, "Send Eth Message" 버튼을 눌러 Ethernet 프레임을 전송하면 된다. 이때 전송 과정을 분석하기 위해 WireShark와 PCAN-View를 실행하고 있어야 한다.

3-2) 실습 결과

WireShark에서 확인할 수 있는 Ethernet 프레임은 그림 4-47과 같다.

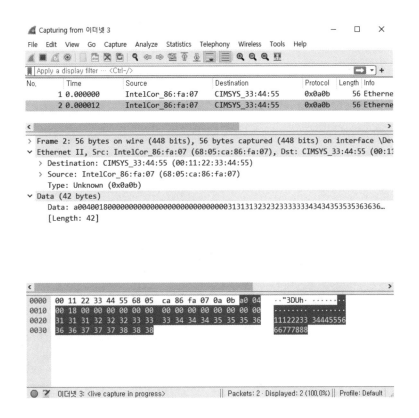

그림 4-47. 실습 3-2의 WireShark 측정 결과

Ethernet 프레임의 32(='0x20')번째 바이트부터 우리가 설정한 신호들이 포함된 것을 확인할 수 있다. 이를 일렬로 다시 표현하면 표 4-6과 같다.

표 4-6. 실습 3-2의 Ethernet 프레임 구성

Ethernet Frame														
Frame Header			Payload											
			Message Header			Signal								
DA	SA	Type	Msg ID	Total Length	...	Sig #1	Sig #2	Sig #3	Sig #4	Sig #5	Sig #6	Sig #7	Sig #8

PCAN-View를 통해 TC275에서 생성된 CAN 프레임을 살펴본 결과는
다음과 같다.

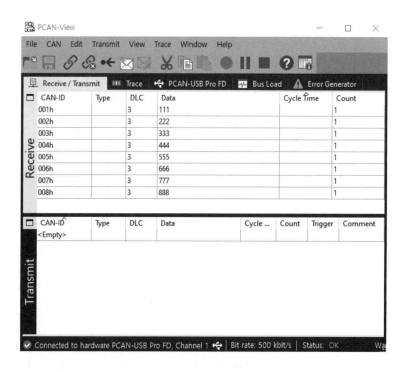

그림 4-48. 실습 3-2의 PCAN-View 측정 결과

그림 4-48처럼, 각각의 신호들이 여러 개의 CAN 프레임으로 분배되었음을
확인할 수 있다. 이에 따라 게이트웨이의 출력은 그림 4-49와 같이 나타난다.

이번 실습에서는 라우팅 테이블의 모든 경우의 수를 고려할 수 없기에 제어 신호로 활용하지 못하고, 모든 신호를 LCD에 출력하는 것으로 대체하였다.

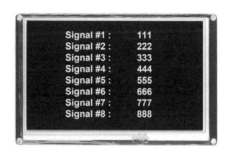

그림 4-49. 실습 3-2에 대한 TC275 출력 결과

마지막으로, 예시 라우팅 테이블이 아닌, 본인이 직접 설계한 라우팅 테이블을 이용하여 실습 3-2를 진행해보길 바란다. 라우팅 테이블을 설계할 때, 하단의 표 4-7을 이용하면 된다.

표 4-7. 실습 3-2의 "MANUAL" Mode 라우팅 테이블 설계 양식

Category	Signal Index	Source Area				Destination Area			
		Interface	ID	Start Bit	Size	Interface	ID	Start Bit	Size
User Setting	1	Ethernet	0xA004	0x20		CAN D	0x001		
	2	Ethernet	0xA004			CAN D	0x002		
	3	Ethernet	0xA004			CAN D	0x003		
	4	Ethernet	0xA004			CAN D	0x004		
	5	Ethernet	0xA004			CAN D	0x005		
	6	Ethernet	0xA004			CAN D	0x006		
	7	Ethernet	0xA004			CAN D	0x007		
	8	Ethernet	0xA004			CAN D	0x008		

이것으로 신호 기반 라우팅 과정에 관한 모든 실습을 끝냈다. 차량 네트워크에서 ECU의 개수는 계속 증가하고 있고, 한 대의 ECU당 필요로 하는 신호를 개별적으로 전송할 수 없으므로, Ethernet이 도입된 이후 라우팅은 더 중요해졌다. 다음 단원에서는 또 다른 라우팅 방법인, PDU 기반 라우팅에 대해 다루도록 하겠다.

4.3.4. 실습 4: PDU 기반 라우팅

1) 이론 및 환경 설정

이번 단원에서는 또 다른 라우팅 방법 중 한 가지인, PDU 기반의 라우팅 실습을 진행할 것이다. 앞서 Ethernet 프레임을 설명할 때 잠깐 언급한 적이 있는데, PDU는 프로토콜에서 동일 계층 간에 주고받는 데이터 집합의 단위를 의미하며, 상위 계층으로부터 받은 SDU와 부가적인 제어 정보인 PCI를 합한 전체 데이터를 일컫는다. 각각의 계층마다 PDU를 다르게 정의하는데, 표 4-8을 통해 OSI 7계층의 PDU 분류를 확인할 수 있다.

표 4-8. OSI 7계층에 따른 PDU 구분

	OSI 7계층	프로토콜 데이터 단위(PDU)
7	응용 계층	메시지
6	표현 계층	메시지
5	세션 계층	메시지
4	전송 계층	세그먼트
3	네트워크 계층	패킷
2	데이터 링크 계층	프레임
1	물리 계층	비트

우리가 지금 다루는 라우팅 방법은 주로 네트워크 계층에서 이뤄지므로, PDU를 "Payload" 필드 내부의 "패킷" 단위로 취급할 것이다. 보통 "패킷" 단위의 데이터들은 여러 가지 제어 신호들의 집합으로 구성된다. 각각의 신호들을 라우팅하는 방법은 이미 지난 실습에서 경험하였다. 이제 이러한 제어 신호들을 하나의 집합체(PDU)로 묶어 라우팅하는 방법에 대해 알아보고자 한다. 차량 네트워크에서 PDU 기반 라우팅에 대한 간단한 예시를 들자면, 그림 4-50과 같다.

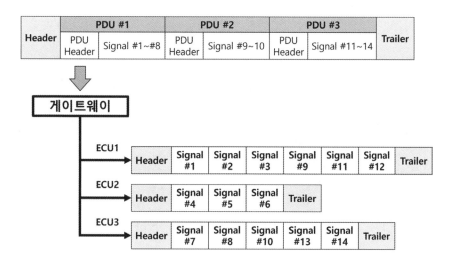

그림 4-50. PDU 기반 라우팅 시 장치별 신호 필터링 예시

게이트웨이에서 여러 가지 PDU가 포함된 정보를 받았을 때, 각각의 PDU에 들어있는 제어 신호들을 알맞은 경로로 전송하기 위해 PDU 기반 라우팅이 사용된다. 그림 4-50에서는 각각의 장치가 필요로 하는 신호를 분배하여 전송하는 과정을 예시로 나타내었다. 라우팅을 수행하는 게이트웨이는 반드시 라우팅 테이블을 갖고 있어야만 한다.

2) 실습 4-1: PDU 기반 라우팅 ("AUTO" Mode)

2-1) 실습 방법

이전 실습과 마찬가지로, PDU 기반 라우팅 실습을 진행하기 위해서는, 기본적으로 여러 대의 TC275가 필요하다. 그러나 TC275를 한 대만 소지하고 있는 경우도 고려해야 하므로, 교재에서는 약식으로 한 대의 TC275로만 PDU 기반 라우팅 실습을 진행할 것이다. 이번 실습은 이전 실습(신호 기반 라우팅)과 매우 유사하다. 단지 신호 단위로 라우팅하는 것이 아닌, PDU 단위로 라우팅하는 것일 뿐이다. 전체적으로 실습 과정이 거의 비슷하므로, 이번 실습에서는 설정 과정을 상세히 기술하지 않겠다. 만약 신호 기반 라우팅 실습을 진행하지 않았거나, 충분히 이해하지 못했다면, 실습 3을 먼저 숙지하고 이번 실습을 진행하길 바란다. 실습 환경은 실습 3과 동일하게 구성한다. 그림 4-36을 참고하여 Ethernet / CAN 케이블 및 PCAN 장치를 TC275에 연결하면 된다.

실습 4-1을 진행하기 위해 Github에서 "ETH_UI_Ex4.zip" 파일과 "ETH_Ex4_Tricore.elf" 파일을 다운로드해야 한다. UDE-STK을 이용하여 TC275에 해당 elf 파일을 업로드하고, 실습 4 전용 GUI를 열면, 그림 4-51과 같은 화면이 표시된다.

그림 4-51. 실습 4 전용 GUI 초기 화면

실습 3과 동일하게, GUI 좌측 상단의 "Serial Connection"을 설정하고, 시리얼 통신을 연결하자. 그다음 아래의 "Board Type"을 "Single"로, "Mode"를 "AUTO"로 설정한 후, "Setting" 버튼을 누르면 된다. 정상적으로 보드 설정이 완료되었다면, TC275의 모든 LED가 깜박거리고, LCD에 "'AUTO' Mode PDU Routing Exercise!"라는 문장이 출력될 것이다. 본격적으로 Ethernet 프레임을 전송하기 전에, "Payload" 필드를 어떻게 구성하였는지 알아보자.

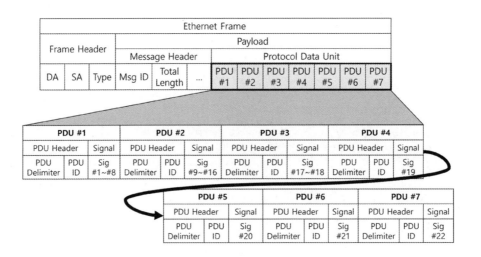

그림 4-52. PDU 기반 라우팅을 위한 Ethernet 프레임 구성

"AUTO" Mode PDU 기반 라우팅 실습에서는 이미 정해진 라우팅 테이블에 따라 Ethernet 프레임 내부의 PDU를 분석하고, PDU에 포함된 여러 제어 신호들을 적절하게 분배하여 CAN 프레임을 생성한다.

Ethernet 프레임에 포함되는 제어 신호는 총 22가지이고, 동일한 성격의 제어 신호들을 하나의 집합체(PDU)로 묶는다. PDU 각각에 대한 제어 신호들의 역할은 "PDU ID"를 통해 확인할 수 있다. 게이트웨이 역할의 TC275에는 표 4-9와 같이 라우팅 테이블이 설정되어 있다.

표 4-9. 실습 4-1의 "AUTO" Mode 라우팅 테이블

PDU Number	Signal Index	Source Area				Destination Area			
		Interface	PDU ID	Start Byte	Size (Byte)	Interface	ID	Start Byte	Size (Byte)
#1	#1	Ethernet	0x07	40	1	CAN D	0x007	0	8
	#2	Ethernet	0x07	41	1				
	#3	Ethernet	0x07	42	1				
	#4	Ethernet	0x07	43	1				
	#5	Ethernet	0x07	44	1				
	#6	Ethernet	0x07	45	1				
	#7	Ethernet	0x07	46	1				
	#8	Ethernet	0x07	47	1				
#2	#9	Ethernet	0x08	56	1	CAN D	0x008	0	8
	#10	Ethernet	0x08	57	1				
	#11	Ethernet	0x08	58	1				
	#12	Ethernet	0x08	59	1				
	#13	Ethernet	0x08	60	1				
	#14	Ethernet	0x08	61	1				
	#15	Ethernet	0x08	62	1				
	#16	Ethernet	0x08	63	1				
#3	#17	Ethernet	0x09	72	4	CAN D	0x009	0	8
	#18	Ethernet	0x09	76	4				
#4	#19	Ethernet	0x03	92	4	CAN D	0x003	0	4
#5	#20	Ethernet	0x04	108	4	CAN D	0x004	0	4
#6	#21	Ethernet	0x05	124	4	CAN D	0x005	0	4
#7	#22	Ethernet	0x06	140	4	CAN D	0x006	0	4

먼저 PDU에 포함된 각각의 제어 신호들이 어떤 역할을 갖는지 알아보겠다. GUI의 우측에 위치한 "Auto Mode PDU"를 선택한 후, "ECU1 PDU's Signal Values"를 그림 4-53과 같이 설정하길 바란다.

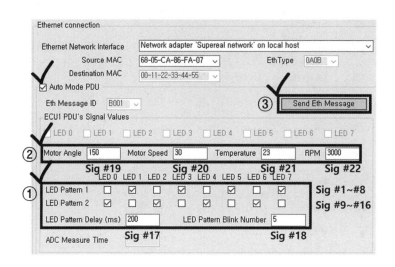

그림 4-53. 실습 4-1의 GUI 제어 신호 설정

그림 4-53에 표기된 것처럼, 우리가 GUI에서 설정한 기능들이 각각의 제어 신호로 생성되어 Ethernet을 통해 TC275로 전송된다. GUI 설정을 단계마다 살펴보면서 제어 신호별 역할을 설명하겠다.

① "LED Pattern 1"에 따라 각각의 LED를 제어할 수 있는 신호를 "Sig #1~#8"로, "LED Pattern 2"에 따라 각각의 LED를 제어할 수 있는 신호를 "Sig #9~#16"으로 설정하였다. "LED Pattern"은 번갈아 가며 출력할 LED의 패턴을 설정할 수 있다. LED 패턴에 대한 변환 주기와 반복 횟수는 "LED Pattern Delay (ms)"와 "LED Pattern Blink Number"를

통해 설정할 수 있고, 각각 "Sig #17, #18"로 설정하였다.

② 나머지 "Motor Angle/Speed", "Temperature", "RPM"의 경우 단순히 전송한 데이터를 LCD에 출력하여 확인할 수 있고, 각각 "Sig #19~#22"로 설정하였다.

③ 설정을 완료한 상태에서 "Send Eth Message" 버튼을 누르면 여러 제어 신호들을 PDU 단위로 묶어 구성한 Ethernet 프레임을 전송할 수 있다. TC275는 라우팅 과정을 통해 PDU로 묶여있는 제어 신호들을 CAN 프레임에 삽입하여 전송한다.

2-2) 실습 결과

정상적으로 실습을 진행하였다면, 그림 4-54와 같은 결과를 TC275에서 확인할 수 있다.

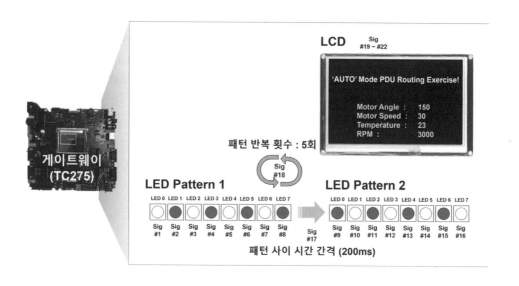

그림 4-54. 실습 4-1에 대한 TC275 출력 결과

이번에는 그림 4-52의 구조와 동일하게 Ethernet 프레임을 전송하였는지 확인해보자. WireShark에서 확인할 수 있는 Ethernet 프레임은 그림 4-55와 같다.

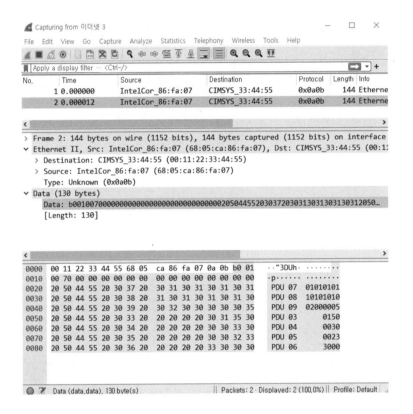

그림 4-55. 실습 4-1에 대한 WireShark 측정 결과

모든 PDU는 ASCII 문자로 이루어져 있고, 각각의 PDU는 그림 4-52의 프레임 구조와 유사하게 구성된다(그림 4-52와 다른 점은, 각각의 영역 사이에 공백 문자 '0x20'이 추가됨). PDU의 시작을 확인할 수 있는 "PDU Delimiter"는 'P(0x50)', 'D(0x44)', 'U(0x55)'로 이뤄져 있고, 그다음으로 PDU 별 특징을 나

타내는 "PDU ID"가 나온다. "PDU Header" 영역 뒤에는, 여러 가지 제어 신호들이 이어진다. 우리는 앞서 PDU에 포함된 제어 신호들 각각의 역할이 무엇인지 살펴본 바 있다.

다음으로, PCAN-View 측정 결과를 통해 게이트웨이에서 PDU의 제어 신호들을 어떻게 라우팅하였는지 확인할 것이다.

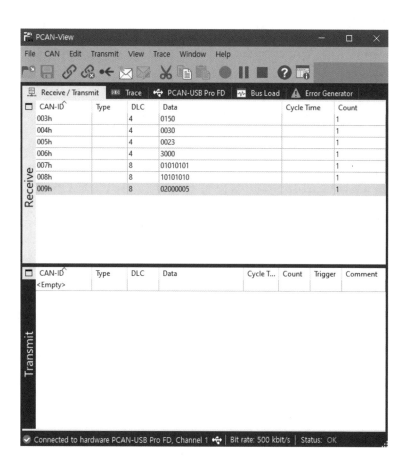

그림 4-56. 실습 4-1에 대한 PCAN-View 측정 결과

그림 4-56을 보면, 게이트웨이 역할의 TC275는 표 4-9의 "AUTO" Mode 라우팅 테이블에 따라 PDU에 포함된 제어 신호들을 여러 개의 CAN 프레임으로 분배한 것을 확인할 수 있다.

3) 실습 4-2: PDU 기반 라우팅 ("MANUAL" Mode)

3-1) 실습 방법

실습 4-2도 실습 3-2와 매우 유사하다. 앞서 우리는 이미 정해진 라우팅 테이블에 맞춰 Ethernet 프레임을 전송하였고, 이를 통해 PDU 기반 라우팅 과정을 살펴볼 수 있었다. 이번 실습에서는 사용자가 직접 라우팅 테이블을 설계하고, 그에 알맞은 Ethernet 프레임을 전송하여 PDU 기반 라우팅 과정을 다시 한번 살펴보고자 한다. 실습에 필요한 GUI 및 TC275 elf 파일은 실습 4-1에서 제공한 프로그램을 그대로 사용하면 된다. 단, 실습 4-1을 진행한 상태에서 바로 실습 4-2를 진행하는 경우, 반드시 TC275를 초기화(재실행)하길 바란다. 실습 4-1과 실습 4-2의 CAN 포트 설정이 중복되기 때문에 실습 4-1에 대한 "AUTO" Mode 설정이 적용된 상태에서 "MANUAL" Mode로 설정하면, 정상적으로 실습을 진행할 수 없다. TC275를 초기화하는 방법은 실습 3-2에서 소개하였으므로 생략한다.

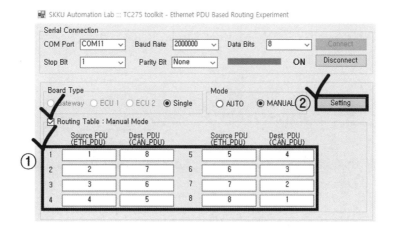

그림 4-57. 실습 4-2의 GUI 설정

TC275를 초기화한 다음, "Auto" Mode에 대한 GUI 설정도 초기화하기 위해 GUI를 닫았다가 다시 실행하는 것을 권장한다.

"MANUAL" Mode 실습을 진행하기 위해 그림 4-57처럼 실습 GUI를 설정하길 바란다. 이제 "Routing Table : Manual Mode"를 살펴보겠다.

① "Source PDU"는 Ethernet 프레임에 포함된 PDU 별 ID를 의미하고, "Dest. PDU"는 PDU 기반 라우팅을 통해 생성되는 CAN 프레임의 "Identifier"를 의미한다. 프로그램에서 모든 경우의 수를 고려하는 것은 불가능하므로, 부분적으로 라우팅 테이블에 제한을 두었다. 각각의 PDU에 대한 ID는 0~9 사이의 값만 사용할 수 있다.

② 라우팅 테이블까지 설정을 완료했다면, "Setting" 버튼을 눌러 해당 정보를 TC275로 전송하면 된다. 제대로 라우팅 테이블이 전송되었다면, TC275의 모든 LED가 깜박인다.

우선, 연습을 위해 그림 4-57에서 설정한 예시 라우팅 테이블을 이용할 것이다. 그림 4-58과 같이 "Manual Mode Signal" 영역을 설정하면 된다.

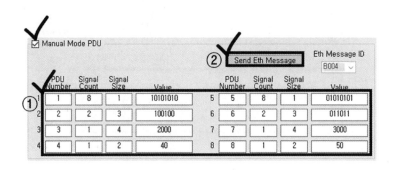

그림 4-58. "MANUAL" Mode PDU 설정

GUI의 "Manual Mode PDU" 영역 설정에 대해 살펴보도록 하겠다.

① 총 8가지의 PDU를 하나의 Ethernet 프레임에 삽입하여 전송할 수 있는데, PDU의 ID는 "PDU Number"로 설정할 수 있고, 각각의 PDU에 포함되는 제어 신호의 크기 및 개수는 "Signal Size"와 "Signal Count"로 설정할 수 있다. 이때, 하나의 PDU에 포함된 제어 신호들끼리는 크기와 역할이 동일하다고 가정하고, PDU의 "Value", 즉 제어 신호들의 집합은 최대 8바이트까지 설정할 수 있다. 사용자가 프로그램을 임의로 수정할 수 없는 상황에서, 원활한 실습을 위해 약간의 제약을 둔 것이다. 이해를 돕고자 예시를 통해 한 번 더 설명하겠다.

PDU #1의 경우, "Signal Count"가 '8'이고, "Signal Size"가 '1'이므로, 1바이트의 제어 신호 8가지를 하나의 PDU로 묶은 것이다. 또 다른 예로, PDU #6의 경우, "Signal Count"가 '2'이고, "Signal Size"가 '3'

이므로, 3바이트의 제어 신호 2가지를 하나의 PDU로 묶은 것이다.

② 이제 WireShark 및 PCAN-View를 열고, "Send Eth Message" 버튼을
눌러 Ethernet 프레임을 전송하면 된다.

3-2) 실습 결과

WireShark에서 확인할 수 있는 Ethernet 프레임은 그림 4-59와 같다.

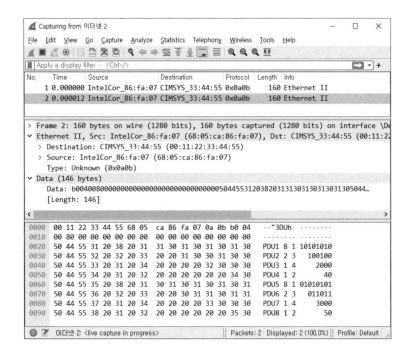

그림 4-59. 실습 4-2의 WireShark 측정 결과

Ethernet 프레임의 32(=0x20)번째 바이트부터 우리가 설정한 PDU가 포함된
것을 확인할 수 있다. 이를 다시 표현하면, 그림 4-60과 같다.

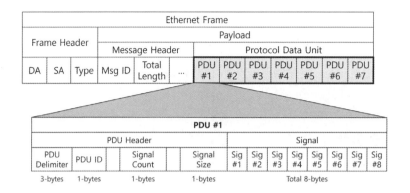

그림 4-60. 실습 4-2의 Ethernet 프레임 구성

다음으로, PCAN-View를 통해 TC275에서 생성된 CAN 프레임을 살펴 보겠다.

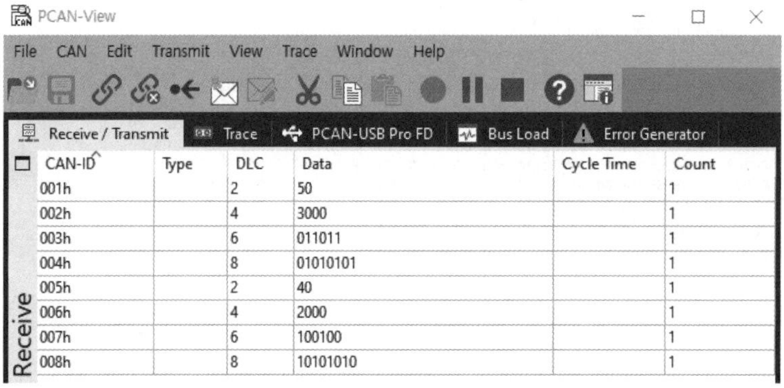

그림 4-61. 실습 4-2의 PCAN-View 측정 결과

그림 4-61에서 알 수 있듯이, 라우팅을 통해 각각의 PDU에 포함된 제어 신호들을 여러 개의 CAN 프레임으로 분배하였음을 확인할 수 있다. 이에 따

라 TC275의 출력은 그림 4-62와 같이 나타난다. 이번 실습에서는 라우팅 테이블의 모든 경우의 수를 고려할 수 없기 때문에 제어 신호로 활용하지 않고 모든 신호를 LCD에 출력하는 것으로 대체하였다.

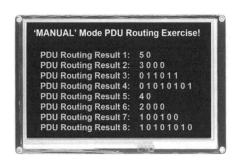

그림 4-62. 실습 4-2에 대한 TC275 출력 결과

왜 이런 결과가 나왔는지 되짚어보겠다. GUI에서 우리가 설정한 라우팅 테이블에 의하면, "Source PDU"가 '1'인 PDU의 경우, '8'의 ID를 갖는 CAN 프레임을 통해 다른 장치로 전송된다. 따라서 PDU 기반의 라우팅 과정을 통해 생성된 CAN 프레임 중, '8'의 ID를 갖는 CAN 프레임의 "Data" 필드를 살펴보면, PDU #1에 들어있던 8가지 제어 신호 "1010 1010"임을 확인할 수 있다.

PDU 기반 라우팅 과정이 잘 이해되지 않는다면, 그림 4-57에서 설정하였던 라우팅 테이블의 "Dest. PDU"를 반대로 뒤집어 설정한 다음, 다시 실습을 진행해보고 그림 4-62와 결과를 비교해보길 바란다.

마지막으로, 예시 라우팅 테이블이 아닌 본인이 직접 설계한 라우팅 테이블을 이용하여 실습 4-2를 진행해보길 바란다. 라우팅 테이블을 설계할 때는 하단의 표 4-10을 이용하면 된다.

표 4-10. 실습 4-2의 "MANUAL" Mode 라우팅 테이블 설계 양식

Category	Signal Index	Source Area					Destination Area	
		Interface	PDU ID	Signal Count	Signal Size	Value	Interface	ID
User Setting	1	Ethernet					CAN D	
	2	Ethernet					CAN D	
	3	Ethernet					CAN D	
	4	Ethernet					CAN D	
	5	Ethernet					CAN D	
	6	Ethernet					CAN D	
	7	Ethernet					CAN D	
	8	Ethernet					CAN D	

이것으로 PDU 기반 라우팅에 관한 모든 실습을 끝냈다. 실습 4에서는 각각의 PDU에 단일 장치에서 필요로 하는, 동일한 역할의 제어 신호만 포함된 것으로 가정하였다. 예를 들자면, PDU #1에는 1번 ECU의 LED를 제어하는 신호만 포함된 것으로 가정하였다. 그러나 실제 차량 네트워크에서는 하나의 PDU에 여러 대의 장치에 대한 제어 신호가 포함될 수 있다. 그러므로 PDU 기반 라우팅을 할 때, 각각의 장치에 맞게 제어 신호를 분배하기 위해 실습 3에서 배웠던 신호 기반 라우팅이 함께 사용된다. 실습 3과 실습 4에서 배운 라우팅 과정은 매우 중요하므로, 다시 한번 확실하게 이해하고 넘어가길 바란다. 다음 단원에서는 Ethernet 프레임의 확장 기능인 VLAN 구성에 대해 살펴보도록 하겠다.

4.3.5. 실습 5: Ethernet 백본 스위치 기반 VLAN 구성

1) 이론 및 환경 설정

Ethernet 프레임에서는 몇 가지 확장 기능이 존재한다. 그중 IEEE 802.1Q에 기반한 VLAN 기능에 대해 살펴보고자 한다. VLAN은 용어 그대로, 네트워크에서 소프트웨어적으로 가상의 LAN을 구성하는 방법이다. 일반적으로 네트워크 계층 이후부터는 "Broadcasting" 기반의 여러 가지 규약들이 활용된다. 스위치, 라우터, 브리지 등으로 연결되는 네트워크망에서 "Broadcasting" 기반의 ARP, RIP와 같은 프레임들이 불필요한 영역까지 전송되면서 보안, 과부하 등의 문제가 발생하였다. VLAN의 가장 큰 장점은, 정해진 영역에서만 데이터를 전송하므로 광범위한 전송으로 인한 여러 가지 문제를 예방할 수 있다는 것이다. 가상으로 구성된 LAN 간의 영역 구분은 태그 방식을 이용한다. Ethernet 프레임에서 VLAN을 설정하고, 태그를 지정하는 방법을 표준화한 것이 바로 IEEE 802.1Q 규약이다. VLAN을 사용함으로써 확장되는 Ethernet 프레임 구조는 그림 4-63.(b)와 같다.

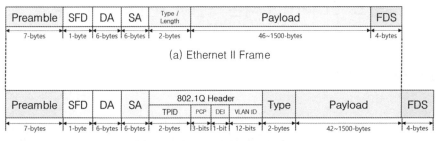

그림 4-63. Ethernet II 프레임과 VLAN 확장 Ethernet 프레임의 구조 비교

VLAN을 사용할 경우, "802.1Q Header"가 추가되면서 최대로 가능한 프레임 길이는 기존보다 4바이트 증가한 1,522바이트가 된다. "802.1Q Header"에 포함되는 각각의 요소들을 살펴보자.

"TPID"는 VLAN에 대한 Ethernet 타입을 의미한다. 앞서 표준 Ethernet 프레임 구조를 살펴볼 때, IANA에서 제공하는 Ethernet 타입 목록을 소개한 적이 있다. VLAN에 대한 고유 타입은 '0x8100'으로 정의되어 있고, 이와 동일하게 "TPID" 값은 '0x8100'으로 고정된다. VLAN에 대한 Ethernet 타입(0x8100)을 결정하였더라도, 전체 프레임에 대한 Ethernet 타입이 별도로 존재한다.

"PCP"는 특정 영역에 여러 개의 프레임이 동시에 들어왔을 때의 처리 우선순위를 의미한다. "PCP" 값은 0~7 사이로 결정할 수 있고, 우선순위를 결정하는 방법은 IEEE P802.1p 표준 규약을 통해 정의하고 있다. "DEI"는 요즘 거의 사용하지 않기 때문에 별도로 설명하지 않겠다.

마지막으로, VLAN 태그 역할의 "VLAN ID"를 살펴보자. 12비트의 VLAN 태그는 4,095가지 중, 예약된 1과 4,095를 제외한 나머지 값들을 이

용하여 자유롭게 설정할 수 있다. 스위치에서는 각각의 포트마다 여러 개의
VLAN 태그를 할당할 수 있고, VLAN 태깅 테이블에 따라 특정 정보를 해당
포트에 연결된 장치로만 전송할 수 있다.

　본격적으로 실습을 진행하기 전에, 시리얼 통신을 위한 프로그램을 준비
해야 한다. "개발환경 설치 및 사용 방법 소개"에서 Tera Term을 설치하는 방
법에 대해 자세히 설명하였다. 아직 설치하지 않은 상태라면, 해당 내용을 참
고하여 설치를 진행하길 바란다.

　VLAN 태그에 따라 여러 대의 ECU로 데이터를 전송하는 실습을 하기 전
에, 우선 Ethernet 백본 스위치 기반의 네트워크를 구성해야 한다. 실습에서
는 VLAN 기능을 지원하는 "Extreme Network" 사의 스위치를 사용할 것이
다. 구성하고자 하는 실습 환경은 그림 4-64와 같다.

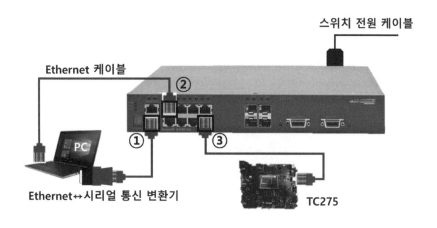

그림 4-64. 실습 5에 대한 하드웨어 구성도

Ethernet 백본 스위치의 포트별 역할에 대해 살펴보도록 하자.

　① 백본 스위치에는 전용 OS가 탑재되어 있고, 시리얼 통신으로 OS에 접

근하여 스위치를 설정할 수 있다. "CONSOLE"이라고 표기된 포트는 백본 스위치 제어 전용 포트이다. 이를 PC의 USB 포트와 연결하기 위해 Ethernet과 시리얼 통신 간 변환기가 필요하다.

② 8개의 일반 Ethernet 포트 중에서, 첫 번째 포트를 모니터링 전용으로 설정하였다. PC의 Ethernet 포트와 직접 연결해주면 된다. 이를 통해 Ethernet 프레임을 모니터링하고, PC에서 직접 명령을 전달한다.

③ 실습에 사용하는 TC275를 일반 Ethernet 포트에 연결하고 VLAN 태그를 변경하면서, 스위치에서 VLAN 태깅 테이블에 따라 메시지 분배가 잘 이루어지는지 확인할 것이다. 처음에는 스위치 8번 포트에 연결하면 된다.

이제 Tera Term을 이용하여 Ethernet 백본 스위치의 OS에 접근해보자. 스위치 OS 부팅을 확인하기 위해, 전용 시리얼 프로그램으로 메시지를 읽어야 한다. 먼저 Tera Term을 실행하면, 그림 4-65와 같은 화면이 표시된다.

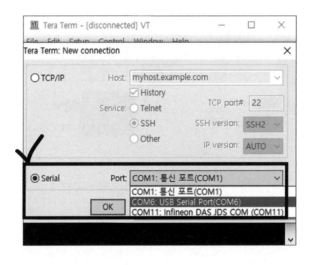

그림 4-65. Tera Term 프로그램 초기 설정

장치 관리자에서 스위치와 연결된 시리얼 케이블의 포트("USB Serial Port") 가 몇 번인지 확인한 다음, 해당 포트로 설정한다. 이제 시리얼 통신 속도를 맞추기 위해 그림 4-66과 같이 "Serial Port Setup"으로 접근하면 된다.

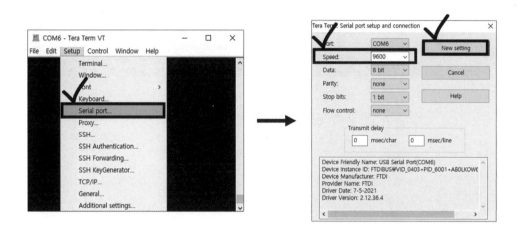

그림 4-66. Tera Term 시리얼 포트 설정

위와 같이 "Speed(=Baud Rate)"를 '9600'으로 설정하길 바란다. 이제 Tera Term 기본 설정은 끝났다. 스위치에 전원을 인가하여 OS 부팅이 정상적으로 수행되는지 확인하면 된다.

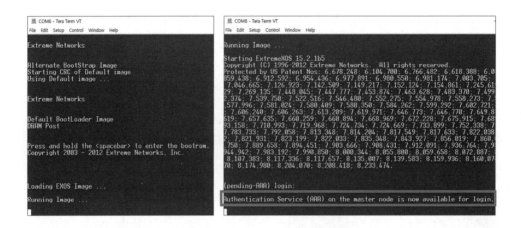

그림 4-67. Ethernet 백본 스위치 OS 부팅 확인

실습에서는 이미 설정이 완료된 Ethernet 백본 스위치를 사용할 것이므로, OS 계정 로그인은 필요 없다. 한참 뒤에 "Authentication Service (AAA) on the master node is now available for login."이라는 문구가 표시되면, 모든 부팅 과정이 완료된 것이다. 스위치를 살펴보면, 그림 4–68처럼 케이블이 연결된 포트에 해당하는 LED에 불이 켜졌음을 확인할 수 있다.

그림 4-68. Ethernet 백본 스위치 연결 상태 확인

실습에 사용되는 Ethernet 백본 스위치에서, 일반 Ethernet 포트(1~8번 포트)에 연결되는 장치들과 해당 장치들이 처리하는 메시지 종류는 표 4-11과 같이 설정하였다.

표 4-11. Ethernet 백본 스위치 포트별 설정

포트 번호	장치	처리하는 메시지 종류
1	PC	모든 메시지 (Diagnostic, Video, Headlight, Audio, Engine, Airbag, Trunk, Window)
2	ADAS DCU	Diagnostic, Video, Headlight
3	Infotainment DCU	Diagnostic, Video, Audio
4	Powertrain DCU	Diagnostic, Engine
5	Chassis DCU	Diagnostic, Engine, Airbag
6	Body DCU	Diagnostic, Trunk, Window
7	OBD	Diagnostic
8	Gateway	모든 메시지 (Diagnostic, Video, Headlight, Audio, Engine, Airbag, Trunk, Window)

그리고 각각의 메시지 종류마다 할당되는 VLAN 태그는 표 4-12와 같이 설정하였다.

표 4-12. 메시지별 VLAN 태그 설정

메시지 종류	VLAN 태그	연결 포트
Diagnostic	0x002	1, 2, 3, 4, 5, 6, 7, 8
Video	0x003	1, 2, 3, 8
Headlight	0x004	1, 2, 8
Audio	0x005	1, 3, 8
Engine	0x006	1, 4, 5, 8

Airbag	0x007	1, 5, 8
Trunk	0x008	1, 6, 8
Window	0x009	1, 6, 8

VLAN 및 Ethernet 백본 스위치와 관련된 실습에서는, 여러 대의 ECU(TC275)가 필요하지만, 혼자 실습을 진행하는 사람들을 고려하여 이 책에서는 1대의 TC275만 이용하여 약식으로 실습을 진행할 것이다. 실습 과정이 달라지는 것은 아니고, 출력을 확인하는 방식만 약식으로 진행하는 것일 뿐이므로 TC275 보유량과 상관없이 동일한 내용의 실습을 진행할 수 있다.

2) 실습 5-1: VLAN 기반 Ethernet 프레임 전송 (PC→TC275)

2-1) 실습 방법

실습 5-1을 진행하기 위해 "ETH_UI_Ex5_PC_SEND.zip" 파일과 "ETH_Ex5_Tricore.elf" 파일을 다운로드하면 된다. UDE-STK를 이용하여 elf 파일을 TC275에 삽입하고, Ethernet 프레임을 확인하기 위해 WireShark를 실행하면 된다. "ETH_UI_Ex5_PC_SEND.zip" 파일 내부의 exe 파일을 실행하면, 그림 4-69와 같은 화면이 표시된다.

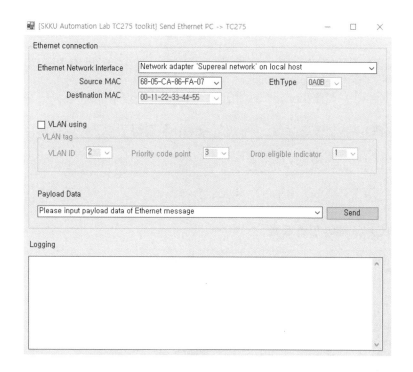

그림 4-69. 실습 5-1 전용 GUI 초기 화면

우선 PC에서 GUI를 통해 원하는 제어 명령을 전송했을 때, TC275까지 도달하는 데 필요한 과정을 살펴보겠다. 앞서 소개한 하드웨어 구성도(그림 4-64)에서 단계별로 짚어보면, PC에서 제어 명령을 Ethernet으로 전송하면 백본 스위치의 1번 포트로 해당 프레임을 받을 수 있다. 백본 스위치에서는 프레임에 포함된 MAC 주소와 VLAN 태그를 확인하고, 스위치에 저장된 전송 테이블에 부합하는 포트로 내보낸다. 여기서 해당 포트는 1개(Unicast)일 수도 있고, 여러 개(Multicast 혹은 Broadcast)일 수도 있다. 최종적으로 VLAN 태그와 일치하는 포트에 연결된 TC275만 필요한 제어 명령을 전달받을 수 있다. 지금까지 설명한 일련의 과정을 통해 PC와 직접 연결되어있지 않은

TC275에도 필요한 제어 명령을 전달할 수 있는 것이다. 이번 실습에서는 명령에 따라 모터, LED, LCD를 원하는 대로 제어할 수 있는지 확인할 것이다. 제어 명령은 단순히 Ethernet 프레임의 "Payload" 영역에 삽입하여 전달할 것이고, 각각의 제어 명령은 표 4-13과 같이 설정하였다. 이때, 모든 제어 명령은 ASCII 문자로만 구성된다.

표 4-13. TC275 제어 명령 목록

제어 문자	메시지 종류	제어 대상	명령 값 범위	명령 코드 길이 (제어 문자 제외)	입력 예시
LD (2바이트)	Headlight	LED 0~7	제한 없음	8바이트	LD10101010
sDxL (4바이트)	Engine	모터	030 ~ 270	3바이트	sDxL150
Pt (2바이트)	Diagnostic	LCD	제한 없음	3~28바이트	PtHello World!

예를 들어, "LD10001010"이라는 제어 명령을 전달하면, 0, 4, 6번 LED만 불이 켜진다. 또 다른 예로, "PtThis is Automation Lab!"이라는 제어 명령을 전달할 경우, LCD에 "This is Automation Lab!"이라는 문구가 출력된다. 이번 실습에서는, TC275에 부착된 LED, LCD 외에 다이나믹셀 모터를 함께 사용하므로 "개발보드 소개" 단원을 참고하여 올바르게 실험 환경을 구성하길 바란다.

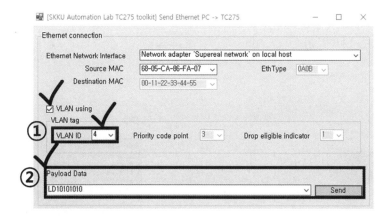

그림 4-70. 실습 5-1의 GUI 설정 (1)

먼저 TC275의 LED 상태를 제어할 것이다.

① "VLAN using"을 선택하면, "VLAN tag" 영역이 활성화된다. LED 제
어 명령은 "Headlight" 메시지이므로 VLAN 태그("VLAN ID")를 '4'로
설정하면 된다.

② 그림 4-70과 같이 "Payload Data"를 설정한 후, "Send" 버튼을 눌러 제
어 명령을 전송하면 된다.

2-2) 실습 결과

TC275에서 확인할 수 있는 출력 결과는 그림 4-71과 같다.

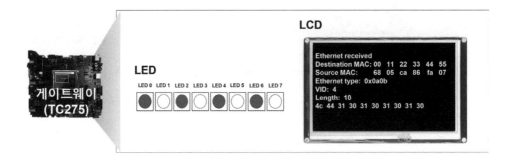

그림 4-71. 실습 5-1의 TC275 출력 결과 (1)

전달된 제어 명령에 따라 TC275의 0, 2, 4, 6번 LED만 불이 켜진 것을 확인할 수 있다. 다음으로, 모터를 제어하기 위해 그림 4-72와 같이 GUI를 설정한 후, "Send" 버튼을 눌러 제어 명령을 전송하자. 모터 제어 명령은 "Engine" 메시지이므로 VLAN 태그를 '6'으로 설정해야 한다.

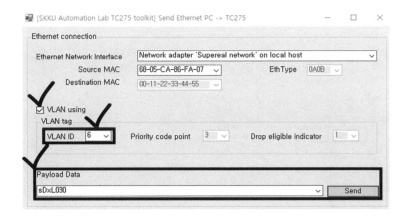

그림 4-72. 실습 5-1의 GUI 설정 (2)

그림 4-72에서 입력한 제어 명령은 다이나믹셀 모터를 30°까지 회전시키는 것을 의미한다. TC275에서 확인할 수 있는 출력 결과는 그림 4-73과 같다.

그림 4-73. 실습 5-1의 TC275 출력 결과 (2)

마지막으로, LCD를 제어하기 위해서는 그림 4-74와 같이 GUI를 설정한 후, "Send" 버튼을 눌러 제어 명령을 전송하면 된다. LCD 제어 명령은 "Diagnostic" 메시지이므로 VLAN 태그를 '2'로 설정해야 한다.

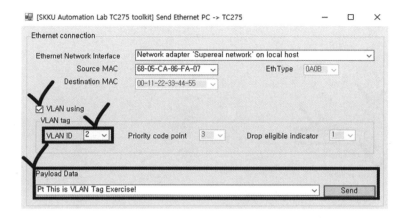

그림 4-74. 실습 5-1의 GUI 설정 (3)

그림 4-74에서 입력한 제어 명령은 LCD에 원하는 문장을 출력하는 것을 의미한다. LCD 제어 명령은 "Pt" 제어 문자를 포함하여 최대 30바이트까지만 입력할 수 있다. TC275에서 확인할 수 있는 출력 결과는 그림 4-75와 같다.

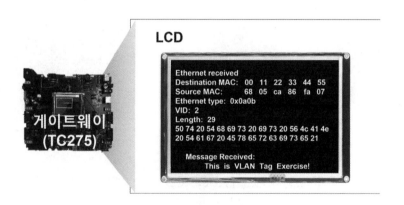

그림 4-75. 실습 5-1의 TC275 출력 결과 (3)

LCD 제어 명령에 대한 Ethernet 프레임을 WireShark로 확인해보면 다음 과 같다.

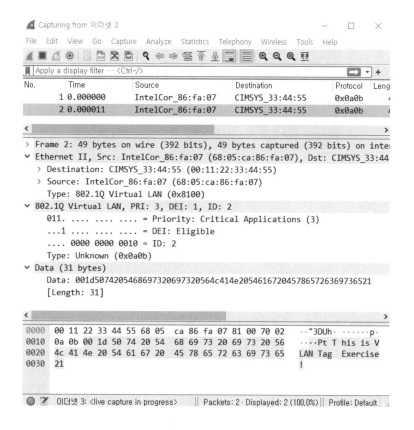

그림 4-76. 실습 5-1의 WireShark 측정 결과

제어 명령을 Ethernet으로 전송할 때, LED의 경우 VLAN 태그를 '4'로, 모터의 경우 VLAN 태그를 '6'으로, LCD의 경우 VLAN 태그를 '2'로 설정하였다. 스위치 8번 포트에 연결된 장치는 게이트웨이로서, 표 4-12를 통해 알수 있듯이 모든 메시지를 받을 수 있도록 설정하였다. 그러므로 VLAN 태그에 상관없이 모든 제어 명령을 스위치 8번 포트에 연결돼있는 TC275가 받을수 있었다.

이제 그림 4-76과 같이 TC275가 연결되는 스위치 포트를 4번으로 변경해보자.

그림 4-76. Ethernet 백본 스위치 연결 변경

스위치 4번 포트에 연결함으로써 TC275는 "Powertrain DCU" 기능을 수행하게 된 것이다. 다시 한번 모터, LED, LCD에 대한 제어 명령을 전송해보면 직전 실습과 다른 결과를 얻을 수 있다. 표 4-11에 따라 스위치 4번 포트에 연결된 TC275는 "Diagnostic"과 "Engine" 관련 메시지만 수신할 수 있다. 그러므로 "Headlight" 메시지에 해당하는 LED 제어 명령은 수신할 수 없고, 모터와 LCD에 관한 제어 명령만 수행하게 된다.

이 외에도 TC275가 연결된 스위치 포트를 바꿔가며 모터, LED, LCD에 대한 제어 명령을 전송해보길 바란다.

3) 실습 5-2: VLAN 기반 Ethernet 프레임 전송 (TC275→PC)

3-1) 실습 방법

실습 5-1에서는 VLAN 기능이 설정된 Ethernet 백본 스위치를 이용하여 PC→TC275 방향으로 여러 가지 제어 명령을 전송해보았다. 이번 실습에서는 TC275에서 메시지를 전송해보고자 한다. 표 4-11을 다시 참고하면, PC는 모니터링 용도의 장치로서, 모든 종류의 메시지를 수신할 수 있다. 그러므로 VLAN 태그에 상관없이 TC275가 전송하는 모든 메시지를 수신할 수 있는 것이다. 실제 차량 네트워크에서 Ethernet 백본 스위치를 사용할 때, VLAN 기능을 이용하면 서로 다른 포트에 연결된 장치 간 원하는 정보만을 주고받을 수 있다. 이는 직전 실습에서 스위치 포트를 바꿔가며 확인하였다. 불필요한 정보 전송을 최소화하여 "Broadcasting Storm"을 예방할 수 있다는 것이 VLAN의 주된 장점임을 명심하길 바란다.

실습을 진행하기 위해 Github에서 "ETH_UI_Ex5_TC275_SEND.zip" 파일을 다운하면 된다. elf 파일은 실습 5-1에서 사용한 것과 동일하다. TC275에 원하는 메시지 전송을 요구하기 위해, 시리얼 통신을 이용하여 전송 명령을 전달할 것이다. GUI 상단의 "Serial Connection"을 설정하고, 그림 4-77과 같이 GUI 하단의 "Ethernet connection" 영역에서 원하는 메시지를 설정하고, "Send" 버튼을 누르면 된다.

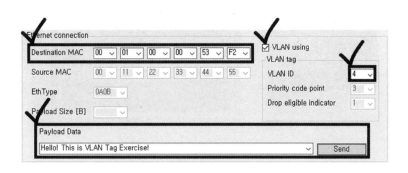

그림 4-77. 실습 5-2의 GUI 설정 (1)

VLAN 태그(VLAN ID)는 어떠한 값으로 설정해도 상관없으므로 자유롭게 설정하길 바란다. 여기서 주의할 점은 실습 환경에 맞춰 DA를 정확하게 설정해야 한다는 것이다. USB 타입의 랜카드를 사용하는 경우, 반드시 랜카드에 맞는 MAC 주소를 DA로 설정해야만 한다. 이는 이미 이전 실습을 진행할 때 자세히 설명하였으므로 넘어가도록 하겠다.

TC275는 시리얼 통신을 통해 PC로부터 받은 전송 명령을 확인하고, 해당 메시지를 Ethernet 백본 스위치로 전송한다. 백본 스위치에서는 VLAN 태깅 테이블에 맞춰 전송된 Ethernet 프레임의 VLAN 태그(VLAN ID)를 확인하고, 해당하는 포트로 다시 전송한다. 이 과정에서 하나의 대상에게만 전송하는 경우를 "Unicast", 특정한 일부 대상들에 전송하는 경우를 "Multicast", 불특정한 다수 모두에 전송하는 경우를 "Broadcast"라고 한다. 시리얼 통신으로 전송 명령을 전달했을 때, TC275의 LCD에는 그림 4-78과 같이 출력된다.

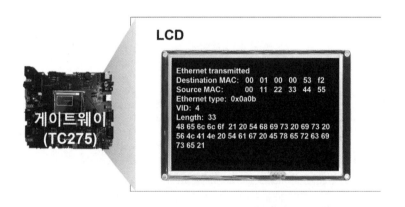

그림 4-78. 실습 5-2의 TC275 출력 결과 (1)

Ethernet 백본 스위치의 1번 포트에 연결돼있는 PC는 TC275가 전송한 Ethernet 프레임을 수신할 수 있다.

3-2) 실습 결과

Ethernet 프레임을 WireShark로 살펴보면 그림 4-79와 같다.

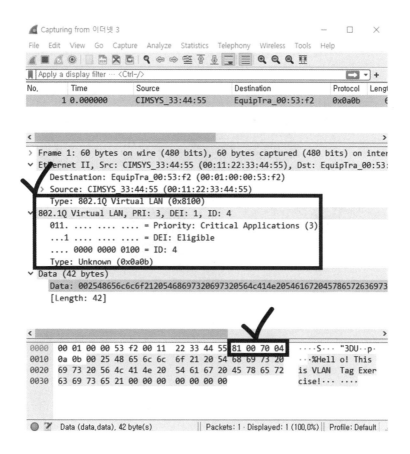

그림 4-79. 실습 5-2의 WireShark 측정 결과

VLAN 기반의 Ethernet 프레임을 자세히 분석하고 넘어가겠다. 전체 Ethernet 프레임에서 13번째 바이트 위치부터 "VLAN Type"인 '0x8100'이 나오고, 그 뒤로 "802.1Q Header"가 이어짐을 확인할 수 있다. GUI에서 설정한 VLAN 태그는 '4'이므로 "802.1Q Header"는 '0x7004'로 설정되었다. 그 뒤로는 "EtherType"인 '0x0A0B'와 "Payload Data"로 설정한 "Hello! This is VLAN

Tag Exercise!"에 해당하는 ASCII 문자들이 이어진다.

이제 PC의 역할을 바꿔서 실습을 진행할 것이다. PC가 연결되는 Ethernet 백본 스위치 포트를 그림 4-80과 같이 1번에서 5번으로 변경하길 바란다.

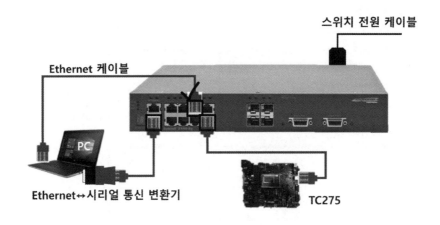

그림 4-80. 실습 5-2의 변경된 하드웨어 구성도

표 4-11과 표 4-12를 참고하면, 5번 포트에 연결되는 장치는 "Chassis DCU" 역할로서, "Diagnostic(VLAN ID: '0x002')", "Engine (VLAN ID: '0x006')", "Airbag(VLAN ID: '0x007')"에 해당하는 메시지만 수신할 수 있다.

포트를 변경하였다면, 이전 실습과 동일하게 GUI를 설정한 다음, 그림 4-81과 같이 "VLAN ID"만 '9'로 변경하여 전송하길 바란다.

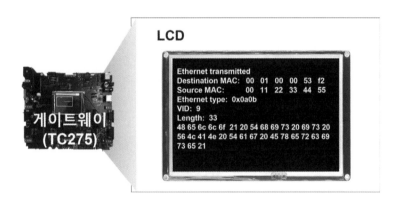

그림 4-81. 실습 5-2의 GUI 설정 (2)

결과를 확인해보면, 이전 실습과 다른 점을 찾을 수 있을 것이다. TC275
에서는 그림 4-82와 같이 VLAN 태그가 변경된 Ethernet 프레임이 정상적으
로 전송되었음을 확인할 수 있다.

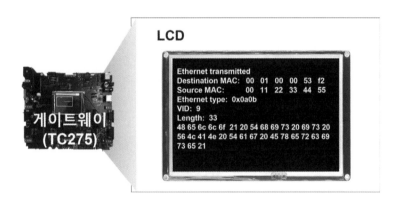

그림 4-82. 실습 5-2의 TC275 출력 결과 (2)

그러나 PC의 WireShark에서는 해당 Ethernet 프레임을 확인할 수 없다.
이는 PC가 연결된 Ethernet 백본 스위치 포트가 VLAN 태그 '2', '6', '7'를 갖
는 메시지만 전송할 수 있기 때문이다.

이제 VLAN 구성과 관련된 모든 실습을 마쳤다. 원하는 메시지들을 수신하기 위해 해당 장치들을 전부 유선으로 연결하는 것이 아닌, 단순히 가상의 LAN을 구성하여 자유자재로 설계 및 수정할 수 있어, VLAN은 실제 차량 네트워크에서 필수적으로 사용되고 있다. VLAN의 개념과 구성 방법을 정확하게 숙지하고 넘어가길 바란다.

이상으로 Ethernet 실습을 마치도록 하겠다. 4장에서는 WireShark 사용 방법, 차량 네트워크에서의 Ethernet-CAN 메시지 변환 과정, 신호 및 PDU 기반의 라우팅 방법, Ethernet 백본 스위치 기반의 차량 네트워크에서 VLAN을 구성하는 방법에 대해 실습해보았다. Ethernet 통신은 이미 현업에서 상용화되었고, 차세대 핵심 차량용 통신 방법으로 주목받고 있다. 이번 실습들로 Ethernet 통신과 관련된 기본 개념들을 충분히 이해하였기를 바란다.

5.
멀티 코어 운용

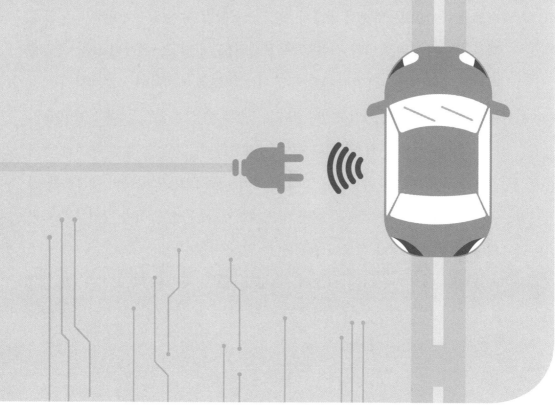

5.1

개요

2000년대 이전에는 싱글 코어로 구성된 프로세서가 주로 사용되었다. 프로세서들의 동작은 클럭에 따라 수행되며, 클럭 속도가 빠를수록 더 많은 명령과 연산을 신속하게 처리할 수 있다. 이에 따라, 프로세서 개발자들은 프로세서 성능 향상을 위해 동작 클럭을 계속 올렸으나, 클럭이 높아짐에 따라 소모 전력이 너무 커져서 발생하는 열을 감당할 수 없었다. 이에 따라 프로세서 개발자들은 발열과 전력 소모 문제점을 해결하기 위하여 동작 클럭을 더 이상 높이지 않고, 일정 수준의 코어를 병렬로 배치하여 프로세서의 성능을 향상하는 방법을 선택하였다. 멀티 코어를 사용할 경우, 클럭을 높이지 않고도 프로세서의 연산 및 처리 능력을 향상할 수 있으며, 발열 문제와 전력 소모 문제를 완화할 수 있다. 그러나 여러 개의 코어가 하나의 메모리를 공유하기 때문에 코어 간 충돌 문제가 발생하거나, 특정 코어가 작업을 완료하지 못하는 경우 병목 현상이 발생할 수 있다.

본 교재에서 사용하는 TC275는 3개의 코어로 구성된 MCU이다. 이 장에서는 TC275를 이용하여 싱글 코어와 멀티 코어에 따른 성능 차이를 보여주고, 데이터 무결성 등과 같이 멀티 코어와 관련된 주요 내용을 이해하고자 한다.

5.2
—

배경지식

5.2.1 스케줄링 기법

하나의 프로세서는 하나의 작업만 수행할 수 있기에 작업의 순서를 조정하여 시스템의 자원을 효율적으로 사용하고, 프로세서의 이용률을 극대화할 필요가 있다. 작업 순서를 결정하는 과정에서 스케줄링 기법이 사용된다. 멀티 코어를 사용할 경우, 다수의 프로세서가 하나의 메인 메모리에 동시에 접근함으로써, 데이터의 무결성을 침해하거나 충돌하는 문제가 발생하여 오작동을 초래할 수 있다. 그렇기에 효율적이고 안정적으로 프로세서를 사용하기 위하여 스케줄링 과정이 필요하다. 스케줄링 기법은 크게 선점형 스케줄링과 비선점형 스케줄링 방법으로 구분된다.

선점형 스케줄링은 특정 프로세서가 프로세스 자원을 할당받아 작업을 수행할 때, 다른 프로세서가 현재 자원을 사용 중인 프로세서의 작업을 중단시키고, 작업 수행 권한을 빼앗아 올 수 있는 기법이다. 선점형 스케줄링 방식을 사용할 경우, 우선순위가 높은 작업을 먼저 수행해야 하거나 빠른 응답을 요구하는 작업을 먼저 수행할 때 유용하다. 하지만 이미 진행 중인 작업을 중단하거나 이어서 하는 과정에서 많은 과부하가 발생할 수 있다.

비선점형 스케줄링은 특정 프로세서가 자원을 할당받아 작업을 수행하고 있다면, 다른 프로세서가 자원을 빼앗지 못하고 작업이 끝날 때까지 대기하는 방법이다. 모든 작업의 우선순위는 공정하게 유지되고, 작업이 완료되는 시점인 응답 시간을 예측할 수 있으며, 일괄적으로 처리하는 시스템에 적합하다. 단, 모든 작업의 우선순위는 공정하기에 이미 실행 중인 작업이 있다면, 중요한 작업이 들어와도 대기해야 한다.

5.3

실습

5.3.1. 실습 1: 코어 개수에 따른 성능 비교

1) 이론 및 환경 설정

    TC275는 별도로 동작할 수 있는 코어를 3개 포함하고 있다. 이번 실습에서는 1개의 코어만 사용하는 경우와 다수의 코어를 사용하는 경우의 차이점을 확인하고자 한다.

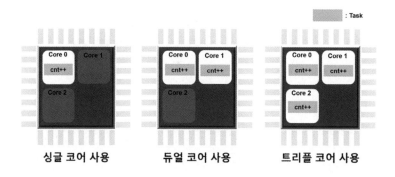

그림 5-1. 코어 개수별 동작 상태

그림 5-1에는 각 코어 동작 상태를 보여준다. 개별 코어에서 "cnt"라는 변수를 증가시키는 작업을 수행하고 있다. 코어별 작업의 동작 주기는 일정하며, 싱글 코어를 사용한 경우, 한 주기마다 "cnt" 값이 '1'씩 증가할 것이고, 듀얼 코어를 사용한 경우, "cnt" 값이 '2'씩 증가할 것이다. 또한, 트리플 코어를 사용한 경우, '3'씩 증가할 것이다. 본 실습에서는 "cnt" 값이 일정한 수치가 되었을 때, LED, 모터, TFT-LCD를 이용해 각각의 코어에서 "cnt" 값의 변화를 확인한다. "cnt"의 값을 통하여 코어가 개별적으로 동작하는 것을 확인할 수 있고, 멀티 코어의 동작 방법을 이해할 수 있다.

실습 1을 진행하기 위해 TC275를 다음과 같은 상태로 설정한다.

그림 5-2. 실습 1의 하드웨어 설정

① 우선 전원 케이블이 연결되어야 하고, 전원 스위치를 상단으로 올려 TC275에 전원을 인가해야 한다.

② 시리얼 통신을 위하여 전용 시리얼 케이블이 연결되어야 한다. 이는 PC와의 데이터 통신을 위하여 사용된다.

③ TFT-LCD를 이용하여 "cnt" 값의 변화에 따른 상태를 표시한다.

④ 모터를 이용하여 "cnt" 값의 변화를 표시한다. 이를 위해 모터 케이블이 정상적으로 연결되어 있어야 하며, 모터 전원 스위치를 상단으로 올려 모터에 전원을 인가하여야 한다.

⑤ LED를 이용하여 "cnt" 값의 변화를 표시한다. 이를 위해 LED에 모든 점퍼가 연결되어 있어야 한다.

⑥ 스위치를 사용하기 위하여 점퍼가 모두 연결되어 있어야 한다.

이제 UDE-STK를 통해 TC275에 "MultiCore_Ex1_Tricore.elf"를 다운로드하면 된다. 그림 5-3과 같은 GUI가 사용되며, 구성은 다음과 같다.

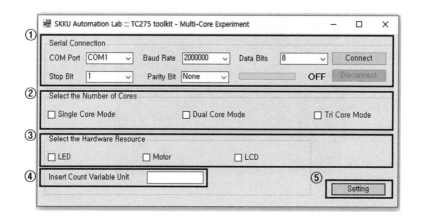

그림 5-3. 실습 1의 GUI 초기화면

① 이 영역에서는 시리얼 통신을 설정할 수 있다. 우선 TC275가 연결된 시리얼 포트의 번호를 확인하여 "COM Port"에서 선택한다.

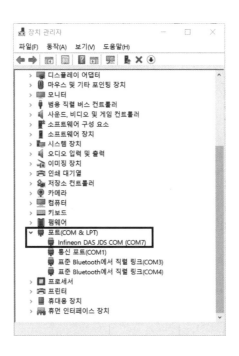

그림 5-4. 시리얼 포트 확인 방법 (장치 관리자)

GUI에서 올바른 포트를 선택하기 위해 장치 관리자에서 어떤 포트가 TC275와 연결되어 있는지 확인해야 한다. TC275와 연결된 시리얼 포트의 이름은 "Infineon DAS JDS COM"이라고 명시되어 있다. 그림 5-4에서는 "COM7"로 포트가 연결되어 있지만, 사용자마다 다를 수 있으므로 이 점을 고려하여 시리얼 포트를 설정하면 된다.

추가로 시리얼 포트 번호를 변경하고 싶다면, 그림 5-5와 같이 설정하면 된다. 장치 관리자에서 해당 시리얼 포트를 선택하고 오른쪽을 클릭하여 "속성" 창으로 들어간다. 그리고 "자세히" 탭을 선택하고 "고급"을 클릭한다. "고급 설정"의 "COM 포트 번호"에서 원하는 포트 번호를 선택하면 된다.

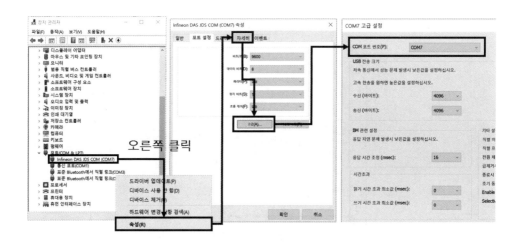

그림 5-5. 시리얼 포트 변경 방법 (장치 관리자)

② 실습에서 사용할 코어를 선택할 수 있다. "Single core mode"를 선택하면 하나의 코어만 동작시킬 수 있고, "Dual core mode"를 선택하면 2개의 코어를, "Tri core mode"를 선택하면 3개의 코어를 같이 동작시킬 수 있다.

③ 선택된 코어의 동작을 보여주기 위한 하드웨어 장치를 선택한다. "LED"를 선택하면 불이 켜진 LED의 개수로 현재 동작 상태를 확인할 수 있고, "Motor"를 선택하면 모터의 각도를 통해 동작 상태를 보여준다. "LCD"를 선택하면 LCD 화면의 그래프를 이용하여 현재 동작 상태를 표시한다.

④ 코어 내에서 동작하는 작업의 주기는 1ms이다. "Insert Count Variable Unit"에 입력된 수치만큼 "cnt" 값이 하나씩 증가할 때마다 "Select The Hardware Resource" 영역에서 선택한 장치가 1회 동작한다.

그림 5-6과 같이, 본 실습 과정은 총 3가지의 출력으로 결과를 확인할 수 있다.

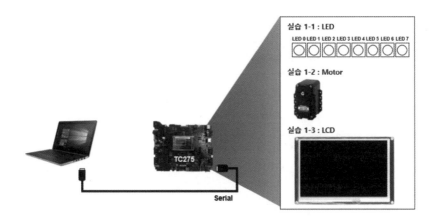

그림 5-6. 실습 1의 연결 장치 소개

2) 실습 1-1(LED)

2-1) 실습 방법

실습 1-1은 GUI에서 각각의 코어 상태를 설정하였을 때, "cnt" 값의 증가하는 속도에 따른 LED 동작 차이를 확인할 수 있다. 그림 5-7에서는 LED 동작 과정을 설명하고 있다. "Insert Count Variable Unit" 값을 '1000'으로 입력하면, 각 코어의 작업에 의해 "cnt" 값이 '1000'이 될 때 "LED 0"이 켜진다. 이후, '2000'이 되었을 때는 "LED 1"이 켜진다. 이와 같은 방법으로 "LED 7"까지 동작한다. 마지막으로 "cnt" 값이 '8000'이 되었을 때는, "cnt" 값을 '0'으로 초기화되고, LED 동작은 "LED 7→LED 6→LED 5→ ⋯ →LED 0"의 순서로 꺼진다.

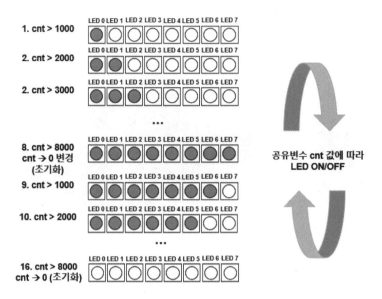

그림 5-7. 실습 1-1의 LED 동작 과정 설명

a) 싱글 코어

싱글 코어 상태에 대한 실습을 진행하기 위하여 그림 5-8과 같이 GUI를
조작한다.

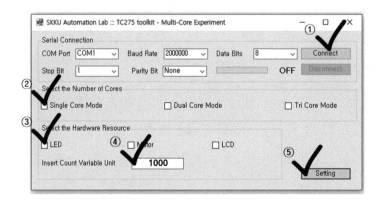

그림 5-8. 실습 1-1의 GUI 설정 (싱글 코어)

① 시리얼 연결을 위한 설정값을 확인하고 "Connect"를 선택한다.

② "Select the Number of Cores"는 "Single Core Mode"를 선택한다.

③ "Select the Hardware Resource"는 "LED"를 선택한다.

④ "Insert Count Variable Unit"에는 '1000'을 입력한다.

⑤ "Setting"을 클릭한다.

⑥ 실습 보드의 스위치 0번을 누른다.

그림 5-8과 같이 GUI를 설정하면, PC에서 시리얼 통신으로 TC275로 명령을 전달한다. 명령을 수신한 TC275는 설정 내용에 따라 동작을 준비한다. 이후, ⑥을 수행하면 TC275가 수신한 명령에 따라서 동작을 시작한다. 그림 5-9를 참고하여 스위치 0번의 위치를 확인하길 바란다.

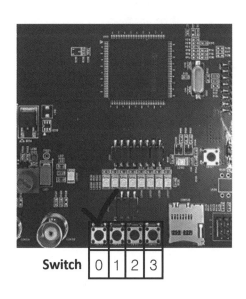

그림 5-9. TC275 스위치 0번 위치

b) 듀얼 코어

"Count Variable Unit" 설정에서 "Dual Mode"로 변경했을 때의 LED 동작을 확인하기 위하여 GUI 설정을 그림 5-10과 같이 변경한다. 그리고 "Hardware Resource"와 "Count Variable Unit"는 기존 값을 유지한다.

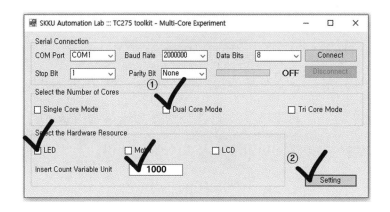

그림 5-10. 실습 1-1의 GUI 설정 (듀얼 코어)

① "Select the Number of Cores"를 "Dual Core Mode"로 변경한다.

② "Setting"을 클릭한다.

③ 실습 보드의 스위치 0번을 누른다.

c) 트리플 코어

GUI에서 "Count Variable Unit"를 "Tri Mode"로 변경했을 때의 LED 동작을 확인하기 위하여 GUI 설정을 그림 5-11과 같이 변경한다. 그리고 "Hardware Resource"와 "Count Variable Unit"는 기존 값을 유지한다.

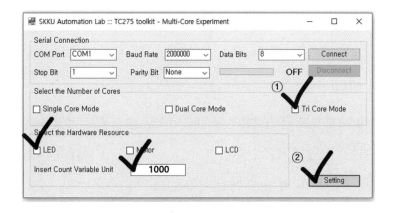

그림 5-11. 실습 1-1의 GUI 설정 (트리플 코어)

① "Select the Number of Cores"를 "Tri Core Mode"로 변경한다.

② "Setting"을 클릭한다.

③ 실습 보드의 스위치 0번을 누른다.

2-2) 실습 결과

본 실습의 결과는 그림 5-7과 같이 동작한다. LED의 동작 속도는 "Tri Core Mode"를 선택했을 때 가장 빠르고, "Single Core Mode"를 선택했을 때 가장 느리다. "Tri Core Mode"에서는 3개의 코어가 동작하여 "cnt" 값을 증가시키고, 이에 따라 "Single Core Mode"보다 3배 더 빨리 동작한다. 싱글 코어에서는 1개의 코어에서 1ms의 주기로 "cnt" 값을 증가시킨다. 그러나 듀얼 코어나 트리플 코어에서는 다른 코어들이 독립적으로 동작하기 때문에 싱글 코어와 같은 1ms 주기로 동작하면서 2배 또는 3배 빠른 속도로 "cnt" 값이 증가한다. 이와 같은 현상은 멀티 코어를 사용하는 경우, 여러 개의 코어가 동시에 동작하는 특징을 보여주고 있다.

3) 실습 1-2 (모터)

3-1) 실습 방법

본 실습 1-2에서는 코어 개수 설정에 따른 "cnt" 값의 변화를 모터의 각도 변화로 확인할 수 있다. GUI에 입력된 "Insert Count Variable Unit"에 입력된 값은 모터의 각도 변경 동작의 주기가 되며, 한 번에 37°씩 이동하게 된다.

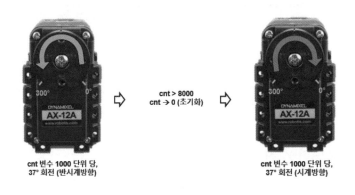

그림 5-12. 실습 1-2의 모터의 각도 변경 동작

그림 5-12에서는 "cnt" 값에 따른 모터의 각도 변화를 설명하고 있다. GUI의 "Insert Count Variable Unit" 값을 '1000'으로 입력하였을 때, 모터는 0°를 기준으로 37°씩 반시계 방향으로 회전한다. 이후, "cnt" 값이 '8000'에 도달하면 "cnt" 값을 '0'으로 초기화하고, "cnt" 값이 '1000'씩 증가할 때마다 37°씩 시계 방향으로 회전한다.

a) 싱글 코어

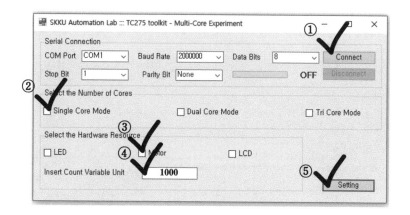

그림 5-13. 실습 1-2의 GUI 설정 (싱글 코어)

① 시리얼 연결을 위한 설정값을 확인하고 "Connect"를 선택한다.

② "Select the Number of Cores"는 "Single Core Mode"를 선택한다.

③ "Select the Hardware Resource"는 "Motor"를 선택한다.

④ "Insert Count Variable Unit"에는 '1000'을 입력한다.

⑤ "Setting"을 클릭한다.

⑥ 실습 보드의 스위치 0번을 누른다.

그림 5-13과 같이 GUI를 설정하면 실습 1-1과 같은 과정으로 동작한다. 실습 1-1에서는 LED를 이용하여 동작을 확인하고, 실습 1-2에서는 모터를 이용하여 동작을 확인한다는 점만 다르다.

b) 듀얼 코어

"Count Variable Unit" 값을 동일하게 설정하고 "Select the Number of Cores"를 "Dual Mode"로 변경했을 때의 모터 동작을 확인하기 위하여 GUI 설정을 그림 5-14와 같이 변경한다. 그리고 "Hardware Resource"는 기존 값을 유지한다.

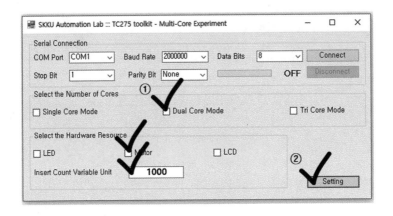

그림 5-14. 실습 1-2의 GUI 설정 (듀얼 코어)

① "Select the Number of Cores"를 "Dual Core Mode"로 변경한다.
② "Setting"을 선택한다.
③ 실습 보드의 스위치 0번을 누른다.

c) 트리플 코어

"Count Variable Unit" 값을 동일하게 설정하고 "Select the Number of Cores"를 "Tri Mode"로 변경했을 때의 동작 결과를 확인하기 위하여 GUI 설정을 그림 5-15와 같이 변경한다. 그리고 "Hardware Resource"는 기존 값을

유지한다.

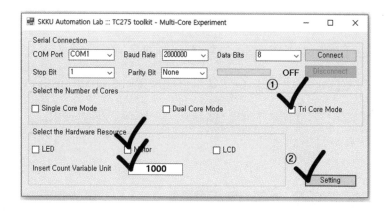

그림 5-15. 실습 1-2의 GUI 설정 (트리플 코어)

① "Select the Number of Cores"를 "Tri Core Mode"로 변경한다.

② "Setting"을 선택한다.

③ 실습 보드의 스위치 0번을 누른다.

3-2) 실습 결과

실습 1-2의 결과는 그림 5-12와 같다. 동작 속도는 "Tri Core Mode"가 가장 빠르고, "Single Core Mode"가 가장 느리다. 이유는 LED의 경우와 동일하다. 만약 "Count Variable Unit"을 '1000'보다 작은 값으로 하면 기존보다 빠른 속도로 움직일 것이고, 큰 값으로 하면 기존보다 느리게 동작할 것이다.

4) 실습 1-3(TFT-LCD)

4-1) 실습 방법

실습 1-3에서는 각각의 코어 모드를 설정했을 때, "cnt" 값이 증가하는 속도를 TFT-LCD에 막대그래프로 표시할 것이다. GUI의 "Insert count variable unit"에 입력된 값으로 막대그래프의 동작 주기가 결정된다.

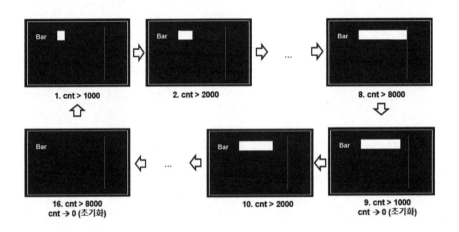

그림 5-16. 실습 1-3의 TFT-LCD 동작 과정

그림 5-16과 같이, 막대그래프의 수치가 "cnt" 값에 따라서 증가하게 되고, '8000'이 되는 경우 "cnt" 값을 '0'으로 초기화한다. 이후, 막대그래프의 수치가 점점 감소한다.

a) 싱글 코어

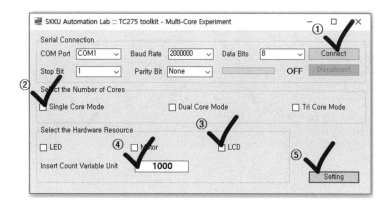

그림 5-17. 실습 1-3의 GUI 설정 (싱글 코어)

① 시리얼 연결을 위한 설정값을 확인하고 "Connect"를 선택한다.

② "Select the Number of Cores"는 "Single Core Mode"를 선택한다.

③ "Select the Hardware Resource"는 "LCD"를 선택한다.

④ "Insert Count Variable Unit"에는 '1000'을 입력한다.

⑤ "Setting"을 클릭한다.

⑥ 실습 보드의 스위치 0번을 누른다.

b) 듀얼 코어

"Count Variable Unit" 설정 값은 싱글 코어와 같게 설정하고 "Select the
Number of Cores"를 "Dual Mode"로 변경했을 때의 TFT−LCD 막대그래프
를 확인하기 위하여 GUI 설정을 그림 5−18과 같이 변경한다. 그리고 "Hard-
ware Resource"는 기존값을 유지한다.

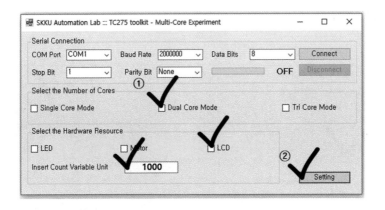

그림 5-18. 실습 1-3의 GUI 설정 (듀얼 코어)

① "Select the Number of Cores"를 "Dual Core Mode"로 변경한다.

② "Setting"을 선택한다.

③ 실습 보드의 스위치 0번을 누른다.

c) 트리플 코어

"Count Variable Unit" 설정값은 이전과 동일하며 "Select the Number of Cores"를 "Tri Mode"로 변경했을 때의 TFT-LCD 막대그래프 동작을 확인하기 위하여 GUI 설정을 그림 5-19와 같이 변경한다. 그리고 "Hardware Resource"는 기존값을 유지한다.

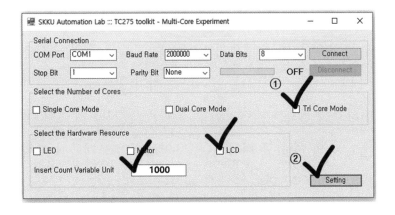

그림 5-19. 실습 1-3의 GUI 설정 (트리플 코어)

① "Select the Number of Cores"를 "Tri Core Mode"로 변경한다.

② "Setting"을 선택한다.

③ 실습 보드의 스위치 0번을 누른다.

3-2) 결과 확인

실습 1-3의 결과는 그림 5-16과 같이 TFT-LCD에 막대그래프가 표시된다. 이 막대그래프의 증가 속도는 "Tri Core Mode"가 가장 빠르고, "Single Core Mode"가 가장 느리다. 이유는 앞서 설명한 것과 같다.

5.3.2. 실습 2: Runnable 수행 완료 시점 비교

1) 이론 및 환경 설정

프로세서는 수치 계산, 입출력 포트 제어, ADC 및 타이머 모듈 등을 이용하거나, 통신 모듈을 통해 외부와 데이터를 주고받기도 한다. 이와 같은 다양한 기능들을 지연 없이 수행하기 위해서는 각각의 작업 순서를 조정하거나, 자원을 원활하게 할당하거나, 관리하는 것이 중요하다. 프로세서 내에서 작업을 관리하고 조정하는 전반적인 과정을 스케줄링이라고 표현하고, 이것은 운영체제의 주요 역할 중 하나이다. 운영체제의 스케줄링 과정에서 특정 작업의 단위를 "Task"로 표현하고, "Task"에 포함되는 작은 동작들의 묶음을 "Runnable"로 정의한다. 본 실습 과정에서는 운영체제를 사용하지 않지만, 운영체제의 개념을 부분적으로 활용하여 실습 내용을 구성하였다.

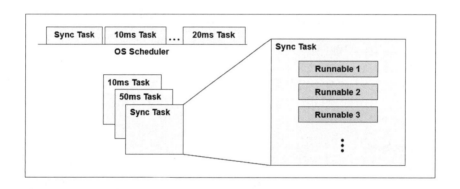

그림 5-20. 스케줄링 과정의 "Task" 및 "Runnable" 개념도

즉, "Task"는 운영체제가 처리하는 작업의 단위를 의미하며, "Runnable"은 "Task" 내에서 동작을 수행하는 실행 단위를 의미한다.

그림 5-20을 보면, 프로세서가 스케줄링하는 과정에서 다양한 "Task"가 생성되는 것을 확인할 수 있다. "Sync Task"는 작업이 끝나기 전까지 할당된 자원을 반환하지 않는 "Task"를 의미하며, "10ms Task"와 "20ms Task"는 각 10ms와 20ms 주기로 실행되는 "Task"를 의미한다. 그리고 각 "Task"는 여러

개의 "Runnable"로 구성된다.

실습 2에서는 싱글 코어와 멀티 코어를 사용하였을 때, "Runnable" 동작에 어떤 차이가 있는지 확인하고자 한다. 각 3개의 "Runnable"을 생성하고, "Runnable"은 5초 후 하나의 LED를 끄는 작업을 수행하게 된다. "Runnable A"는 "LED 0"을 제어하고, "Runnable B"는 "LED 2"를 제어하며, "Runnable C"는 "LED 4"를 제어한다. 이와 같은 "Runnable"이 "Task"에서 어떤 구조로 구성되고 동작하는지 확인하고자 한다.

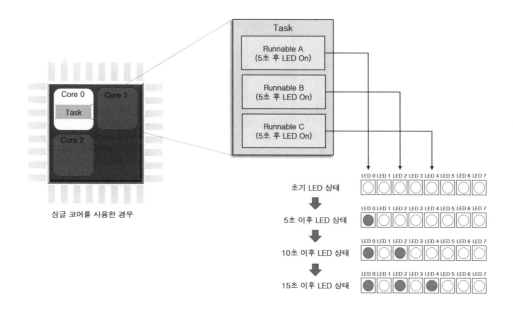

그림 5-21. 싱글 코어의 "Task", "Runnable" 구성도와 동작 결과

그림 5-21은 싱글 코어를 사용한 경우의 동작 과정을 표현하고 있다. 싱글 코어를 사용한 경우, "Core 0"의 "Task"에는 3개의 "Runnable"이 구성되고, "Runnable A", "Runnable B", "Runnable C"의 순서로 "Task"가 동작한다. LED

의 상태로 현재 동작한 "Runnable"을 파악할 수 있고 동작 순서도 확인할 수 있다. 초기에는 모든 LED가 꺼져 있고, 5초 후 "Runnable A"가 동작을 완료하여 "LED 0"이 켜진다. 10초 후에는 "Runnable B"에 의해 "LED 2"가 켜지고, 15초 후에는 "LED 4"가 켜지면서 모든 "Runnable"이 작업을 완료했다는 것을 확인할 수 있다. 싱글 코어를 사용할 경우, 하나의 코어가 작업을 수행하기 때문에 "Runnable"은 "Task" 구성에 따라 순서대로 실행된다.

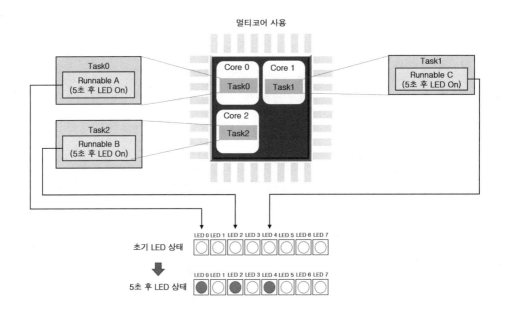

그림 5-22. 멀티 코어의 "Task", "Runnable" 구성도와 동작 결과

이와 다르게 멀티 코어를 사용할 경우, 여러 개의 코어가 동시에 동작한다. 그림 5-22와 같이 3개의 코어를 활성화하고, 각 코어에 "Task"를 하나씩 배치하였다. 그리고 각 "Task"에는 "Runnable"을 하나씩 배치하였다.

그림 5-22과 같은 구성에서는 각각의 코어가 개별적으로 동작하기 때문

에, 5초 이후 모든 "Runnable"들이 동시에 종료되는 것을 볼 수 있다. 이처럼 멀티 코어를 사용할 경우, 작업을 나눠서 실행할 수 있으며, 코어 개수만큼 작업 효율을 높일 수 있다.

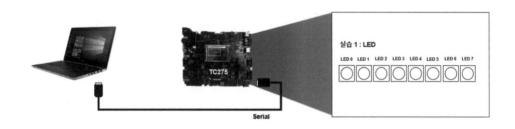

그림 5-23. 실습 2의 하드웨어 구성

본 실습에서는 그림 5-23과 같이 PC와 TC275를 시리얼 통신으로 연결하고, PC에서 설정 명령을 전송한다. TC275에서는 코어 개수에 따라 LED를 동작시키는 작업이 어떻게 실행되는지 확인할 것이다.

본 실습을 수행하기 위하여, TC275에 UDE-STK를 이용하여 "Multi-Core_Ex2_Tricore.elf" 파일을 다운로드한다. 그리고 본 실습에서 사용할 GUI의 구성은 그림 5-23과 같다.

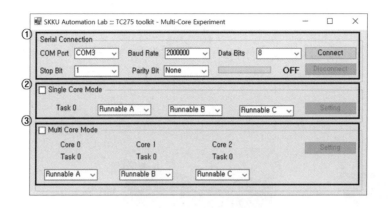

그림 5-23. 실습 2의 GUI 설정

① 이 영역에서는 시리얼 통신을 연결한다. 우선 TC275가 연결된 시리얼 포트를 확인하여 "COM Port"에서 선택하고, "Connect" 버튼을 눌러 실습 보드와 연결한다.

② "Single Core Mode"를 선택할 경우, 3개의 "Runnable"로 구성된 하나의 "Task"가 하나의 코어에서만 동작한다. 그리고 "Setting" 버튼을 누르면 해당 설정 내용이 TC275로 전송된다.

③ "Multi Core Mode"를 선택할 경우, 3개의 코어가 동작하고, 각각의 코어에 "Task"가 생성되며, GUI를 통해 코어를 "Task" 별로 동작할 "Runnable"을 선택할 수 있다. 그리고 "Setting" 버튼을 누르면 해당 설정 내용이 TC275로 전송된다.

2) 실습 2-1(싱글 코어)

2-1) 실습 방법

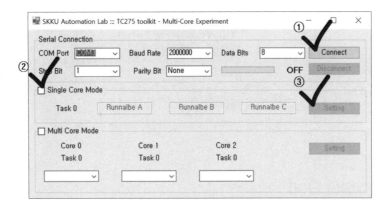

그림 5-24. 실습 2-1의 GUI 설정

① 시리얼 연결을 위한 설정값을 확인하고 "Connect"를 클릭한다.

② "Single Core Mode"를 선택한다. 이것을 선택하면 "Setting" 버튼이 활
   성화된다.

③ "Setting"을 클릭한다.

④ 실습 보드의 스위치 0번을 누른다.

2-2) 실습 결과

실습 보드의 0번 스위치를 누르면 그림 5-25와 같이 TC275가 동작하는
것을 확인할 수 있다.

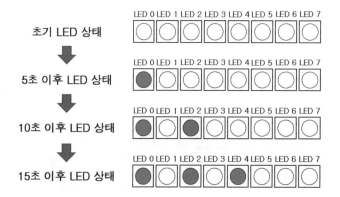

그림 5-25. 실습 2-1의 LED 동작 과정

3) 실습 2-2(멀티 코어)

3-1) 실습 방법

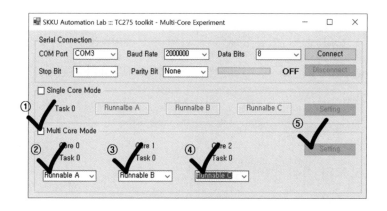

그림 5-26. 실습 2-2의 GUI 설정

① "Single Core Mode"를 선택한다. 이것을 선택하면 "Setting" 버튼이 활
성화된다.

② "Take 0"에서 동작시킬 "Runnable A"을 선택한다.

③ "Take 1"에서 동작시킬 "Runnable B"을 선택한다.

④ "Take 2"에서 동작시킬 "Runnable C"을 선택한다.

⑤ "Setting"을 클릭한다.

⑥ 실습 보드의 스위치 0번을 누른다.

3-2) 실습 결과

실습 보드의 스위치 0번을 누르면 그림 5-27과 같이 TC275가 동작하는 것을 확인할 수 있다.

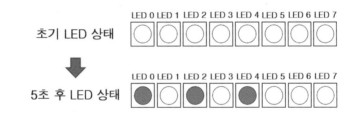

그림 5-27. 실습 2-2의 LED 동작 과정

실습 2-1과 실습 2-2의 LED 동작을 통하여 싱글 코어와 멀티 코어의 동작 과정을 확인할 수 있다. 싱글 코어에서는 하나의 코어가 작업을 수행하기 때문에, "Runnable"이 순차적으로 실행되었고, 멀티 코어에서는 여러 개의 코어가 독립적으로 동작하는 특징에 의해 각 코어에 할당된 "Task"가 동시에 실행되는 것을 확인할 수 있다.

5.3.3. 실습 3: 멀티 코어와 싱글 코어에서의 부하율 비교

1) 이론 및 환경 설정

1-1) Task 부하율

"Task 부하율"은 "Task" 주기 내에 실행 시간의 비율을 의미한다.

$$\text{Task 부하율} = (\text{Task 실행 시간} / \text{Task 주기}) \times 100\%$$

특정 "Task"가 일정한 간격마다 실행될 때, 그 간격을 "Task" 주기라고 칭한다. 그리고 "Task 실행 시간"이라는 것은 실행된 "Task"가 작업을 시작하여 종료까지 소요된 시간을 의미하며, "Task 주기"는 설정에 따라 달라질 수 있다.

그림 5-28에서는 10ms 주기와 6ms 실행 시간을 갖는 "Task"의 시간별 동작 과정을 설명하고 있다.

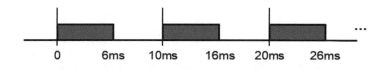

그림 5-28. 10ms 주기 및 6ms 실행 시간에 대한 "Task" 동작 과정

이 경우 "Task의 부하율"은 '(6ms / 10ms) × 100% = 60%'로 계산된다. 동작 과정을 보면, 0ms에서 프로세서가 시작될 때, 6ms 동안 "Task"가 동작한다. 동작을 시작한 후, 10ms가 되면 다시 "Task"는 동작하고, 6ms 동안 동작한

후, 종료된다는 것을 그림 5-28에서 확인할 수 있다.

1-2) 코어 부하율

코어 부하율은 코어별로 가지고 있는 부하율을 의미하며, 10ms, 100ms, 1,000ms와 같이 여러 주기별로 측정된다. 즉, 하나의 코어 내에서 여러 가지 "Task"가 종합적으로 실행될 때, 지정된 주기 내에 "Task"의 실행 시간이 차지하는 비율을 표시하는 지표이다. 이는 측정하는 주기마다 부하율이 달라질 수 있으며 피크(Peak) 부하율과 평균(Average) 부하율을 통해 표현할 수 있다.

피크 부하율은 여러 번의 주기 중, 가장 높은 부하율을 의미한다. 예를 들어, 부하율을 10ms 단위로 측정할 때, 0~10ms에서는 부하율이 80%가 측정되었고, 10ms~20ms에서는 70%의 부하율이 측정되었다면 0ms~20ms 내의 피크 부하율은 80%가 된다. 평균 부하율은 10ms일 때의 부하율과 20ms일 때의 부하율 간 평균을 의미하며, 위와 같은 조건에서 75%가 된다. 이 코어 부하율은 한 주기 동안 실행되는 모든 "Task"의 실행 시간을 지정된 측정 주기로 나누고, 100%를 곱하여 구할 수 있다. 코어 부하율의 계산식은 밑의 수식과 같다.

$$코어\ 부하율 = (주기\ 동안\ 내\ 모든\ Task의\ 실행\ 시간\ /\ 주기) \times 100\%$$

그림 5-29는 1ms의 실행 시간과 3ms의 동작 주기를 갖는 "Task"와 2ms의 실행 시간과 5ms 동작 주기를 갖는 "Task"의 동작 과정을 보여주고 있다. 두 가지의 "Task"에는 선점형 스케줄링이 적용되며, 5ms 동작 주기 "Task"보다 3ms 동작 주기 "Task"가 더 높은 우선순위를 갖는다. 일반적으로 차량 내

에서는 동작 주기가 짧은 "Task"가 더 높은 우선순위를 갖는다. 즉, 5ms의 주기 "Task"가 동작 중일 때, 3ms 주기 "Task"가 실행되어야 한다면, 5ms 주기 "Task"는 작업을 중단하고 동작 권한을 3ms 주기 "Task"에게 넘긴다. 그 후, 3ms 주기 "Task"가 동작을 종료하면, 5ms 주기 "Task"가 남은 동작을 수행하게 된다.

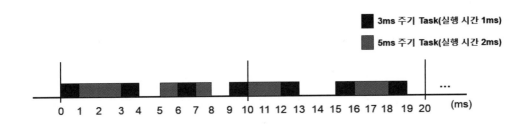

그림 5-29. 3ms 및 5ms 주기 Task의 동작 과정

그림 5-29와 같이 초기 상태에 두 개의 "Task"가 시작된다면, 우선순위에 따라 3ms 주기 "Task"가 먼저 실행된다. 그다음, 5ms 주기 "Task"가 실행된다. 이후, 3ms가 되었을 때 3ms 주기 "Task"가 다시 동작한다. 4ms에서는 두 개의 "Task"가 이미 모든 동작을 완료했기 때문에 어떠한 작업도 수행하지 않는다. 5ms가 되었을 때는 다시 5ms 주기 "Task"가 동작을 시작한다. 그러나 6ms는 3ms 주기 "Task"가 동작되는 시점이기 때문에 5ms 주기 "Task"는 우선순위 경쟁에서 밀려, 작업을 중단하고 동작 권한을 3ms 주기 "Task"에 넘겨준다. 3ms 주기 "Task"가 동작을 완료한 후, 5ms 주기 "Task"는 남은 1ms의 동작 과정을 다시 실행하고 작업을 종료한다. 위의 설명과 같이 두 개의 "Task"가 동작하며, 이후의 동작 과정도 동일한 방식으로 진행된다.

이제 그림 5-29와 같이 10ms 주기의 코어 부하율을 계산해볼 것이다. 0ms~10ms까지의 동작 시간이 8ms이므로 코어 부하율은 '8ms/10ms×100% =80%'이다. 다음 측정 주기인 10ms~20ms의 동작 시간이 7ms이기 때문에 코어 부하율은 '7ms/10ms×100%=70%'이다. 마지막으로, 0ms~20ms 사이의 피크 부하율은 80%이고, 평균 부하율은 75%이다.

1-3) 실습 및 환경 설정

본 실습에서는 멀티 코어와 싱글 코어에서 다수의 "Task"가 동작할 때의 성능 차이를 부하율로 확인할 것이다.

그림 5-30. 실습 3의 하드웨어 구성

그림 5-30과 같이 PC와 TC275를 시리얼 통신으로 연결하고, PC의 GUI 에서 설정 명령을 전송한다. TC275에서는 코어 모드에 따라, 코어 부하율이 달라지는 것을 TFT-LCD에 표시할 것이다. 실습을 시작하기 전에 UDE-STK를 이용하여 TC275에 "MultiCore_Ex3_Tricore.elf"를 다운로드해야 하며 실습에서 사용하는 GUI는 그림 5-31과 같다.

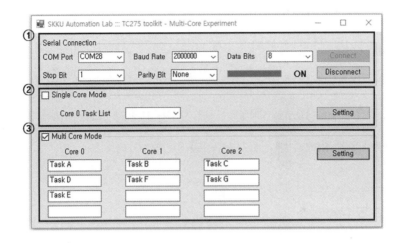

그림 5-31. 실습 3의 GUI 초기화면

① "Serial Connection"에서는 시리얼 통신을 연결하는 기능들이 포함되어 있다.

② "Single Core Mode"에서는 코어 0의 "Task" 리스트를 확인할 수 있다. 해당 "Task"는 A~G까지 설정되어 있다. "Setting" 버튼을 누르면 설정값이 TC275로 전송된다.

③ "Multi Core Mode"에서는 각각의 코어에서 동작할 "Task"를 입력한다. A~G까지 나눠서 입력할 수 있다. "Setting" 버튼을 누르면 설정값이 TC275로 전송된다.

그림 5-32와 그림 5-33에는 싱글 코어 모드와 멀티 코어 모드를 설정하였을 때, 각각의 "Task"가 어떻게 코어로 할당되는지를 보여주고 있다.

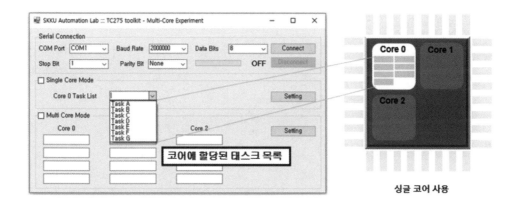

그림 5-32. 실습 3 싱글 코어 모드에 대한 구성

싱글 코어 모드를 사용할 경우, 하나의 코어에 모든 "Task"가 할당된다.

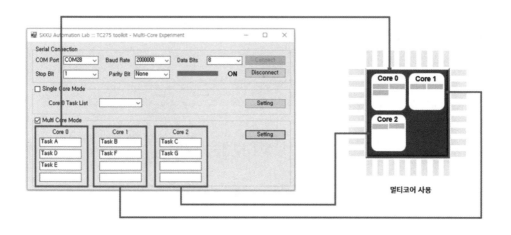

그림 5-33. 실습 3 멀티 코어 모드에 대한 구성

멀티 코어 모드를 사용하면, 각각의 코어에 "Task"가 할당된다. 싱글 코어 모드 또는 멀티 코어 모드를 사용할 때, 각각의 코어가 수행하는 작업량이 달

라지고, 이것은 부하율의 차이로 나타난다. 본 실습에서는 싱글 코어 모드를
사용한 경우와 멀티 코어 모드를 사용한 경우의 부하율 차이를 확인하고자
한다.

2) 실습 3-1(싱글 코어 모드)

2-1) 실습 방법

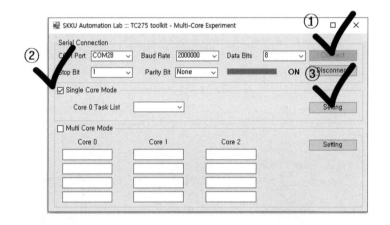

그림 5-34. 실습 3-1의 GUI 설정

① 시리얼 통신에 대한 설정값을 확인하고 "Connect"를 선택하여 TC275
와 PC 사이에 시리얼 통신을 연결한다.

② "Single Core Mode"의 체크 박스를 선택한다.

③ "Setting" 버튼을 클릭한다.

④ 실습 보드(TC275)의 스위치 0번을 누른다.

2-2) 실습 결과

싱글 코어 모드를 사용하여 TC275를 동작시킬 경우, 그림 5-35와 같은 출력 결과를 얻을 수 있다. 코어 부하율이 최대치로 표시되는 것을 알 수 있다.

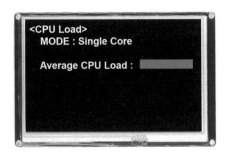

그림 5-35. 실습 3-1의 출력 결과

2) 실습 1-2(멀티 코어 모드)

2-1) 실습 방법

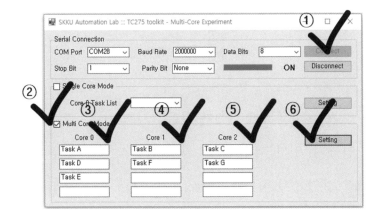

그림 5-36. 실습 3-2의 GUI 설정

① 시리얼 통신에 대한 설정값을 확인하고 "Connect"를 선택하여 TC275 와 PC 사이에 시리얼 통신을 연결한다.

② "Multi Core Mode"의 체크 박스를 선택한다.

③ "Core 0"의 "Task" 정보를 그림 5-36와 같이 입력한다.

④ "Core 1"의 "Task" 정보를 그림 5-36와 같이 입력한다.

⑤ "Core 2"의 "Task" 정보를 그림 5-36와 같이 입력한다.

⑥ "Setting" 버튼을 클릭한다.

⑦ 실습 보드(TC275)의 스위치 0번을 누른다.

2-2) 실습 결과

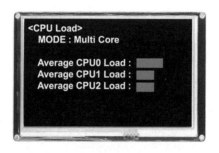

그림 5-37. 실습 3-2의 출력 결과

멀티 코어 모드를 사용하여 TC275를 동작시킬 경우, 그림 5-37과 같은 동작 결과를 얻을 수 있다. 전체적으로 부하율이 낮아진 것을 확인할 수 있다. 싱글 코어 모드인 경우 하나의 코어가 모든 "Task"를 수행하지만, 멀티 코어 모드를 사용할 경우, "Task"를 코어별로 나눠서 실행할 수 있다. 이에 따라, 각각의 코어에 할당되는 "Task"가 줄어들고, 부하율도 감소하게 한다.

5.3.4. 실습 4: 데이터 무결성 침해 및 확보

1) 이론 및 환경 설정

1-1) 데이터 무결성

데이터 무결성이란, 데이터의 정보가 변경되거나 오염되지 않도록 하는 원칙을 의미한다. 데이터를 읽고 쓰는 과정에서 데이터 무결성이 침해될 경우, 데이터가 의도치 않게 변경되어 처리 과정에서 문제가 발생할 수 있다. 이와 같은 데이터 무결성 문제는 멀티 코어를 사용하면서 더욱 빈번하게 발생한다. 두 개 이상의 코어를 사용할 경우, 각각의 코어에는 독립적으로 동작하는 "Task"가 있을 수 있고, "Task"들은 공유된 하나의 메모리에 접근할 수 있다. 이와 같은 상황에서 데이터를 읽고 쓰는 시점에 따라 문제가 발생할 수 있다. 이제, 데이터 무결성이 침해되는 예시를 설명하고자 한다.

그림 5-38에는 멀티 코어 환경에서 데이터를 읽을 때, 발생할 수 있는 데이터 무결성 침해 상황을 나타내고 있다. 각 코어에는 5ms와 20ms 주기로 동작하는 "Task"가 있으며, 하나의 데이터 영역을 공유하고 있다. 코어 1의 5ms 주기 "Task"는 동작 중 공유 데이터 영역에 값을 쓰고, 코어 2의 20ms 주기 "Task"는 동작 중 공유 데이터 영역에서 값을 읽어 처리한다면, 코어 2의 "Read_1"과 "Read_2"에서 읽어온 공유 데이터값은 달라진다. 이 경우, 중간에 값이 변경되어 동작 중 문제가 발생할 수 있다.

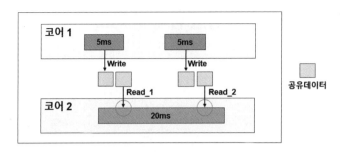

그림 5-38. 멀티 코어의 데이터 무결성 침해 사례 (Read)

다음은 데이터를 쓸 때, 발생할 수 있는 데이터 무결성 침해 사례를 설명하도록 하겠다. 그림 5-39와 같이 각 코어에 5ms 간격으로 동작하는 "Task"와 20ms 간격으로 동작하는 "Task"가 있고, 이 두 개의 "Task"는 하나의 공유 데이터 영역을 공유하고 있다. 코어 1에 5ms 동작 주기 "Task"는 동작 중 공유 데이터 영역에서 값을 읽어온다. 그리고 코어 2에 20ms의 동작 주기를 갖는 "Task"는 중간값과 결괏값을 공유 데이터 영역에 기록하는 작업을 수행한다. 이와 같은 상황에서 코어 1의 두 번째로 실행된 "Task"는 코어 2에 20ms 주기 "Task"의 결괏값이 아닌 중간값을 가져온다.

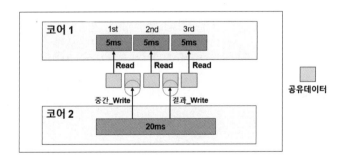

그림 5-39. 멀티 코어의 데이터 무결성 침해 사례 (Write)

1-2) Blocking 및 Non-blocking

데이터 무결성을 설명하는 과정에서 여러 개의 "Task"가 하나의 공유 데이터 영역에 접근하는 것을 설명하였다. 여기에서 공유 데이터 영역을 임계구역(critical section)이라고 칭한다. 임계구역은 다수의 프로세서가 접근하여 특정한 변수의 값을 읽거나 쓰는 작업을 수행하는 공간이다. 이와 같은 임계구역의 특징은 어느 한 프로세서가 임계구역에서 이미 작업을 수행 중이라면, 다른 프로세서들은 그 임계구역에 접근할 수 없다는 것이다. 특정 프로세서가 임계구역에서 작업을 수행하려고 했을 때, 다른 프로세서가 이미 작업 중이라면 그 작업을 마칠 때까지 기다리고 있는 경우를 "Blocking" 방식이라고 한다. 반대로, 임계구역에서 이미 작업 중인 것을 확인하고, 다른 작업을 수행하는 경우를 "Non-blocking" 방식이라고 한다. "Blocking" 방식에서 임계구역에 다른 프로세서들이 들어올 수 없도록 통로를 닫는 작업을 락(Lock)이라고 하고, 다시 통로를 개방하는 것을 언락(Unlock)이라고 한다.

"Blocking" 방식에서는 각각의 프로세서가 임계영역에 접근하여 작업할 때 "Lock"을 걸어 다른 프로세서의 접근을 막고, 작업이 완료되면 "Unlock"을 하여 다시 다른 프로세서가 접근할 수 있도록 한다. 이와 같은 과정에서 "Lock"/"Unlock" 과정이 반복적으로 수행되며 "Lock"/"Unlock"을 하는 과정도 시스템 자원을 사용하기 때문에 과부하가 발생할 수 있다. 아주 빈번하게 임계구역에 접근해야 하는 경우라면 "Lock"/"Unlock" 작업으로 인하여 성능 저하가 생길 수 있다. 또한, 다수의 프로세서가 임계구역에 접근할 때, 우선순위가 낮은 프로세서는 순위에서 밀려 접근하지 못하는 기아(Starvation) 현상도 발생할 수도 있다.

1-3) 실습 및 환경 설정

실습 4에서는 여러 코어가 "Blocking" 방식을 사용하여 공유 영역에 접근할 때, "Lock"/"Unlock" 작업에 의한 지연 시간이 코어 동작에 어떠한 영향을 주는지 확인하려 한다. "Blocking" 방식을 사용할 때, 전체 "Task"를 "Lock"/"Unlock"하는 방식과 임계영역에 접근하는 시간을 줄이기 위하여, 공유 데이터값을 복사하여 사용하는 방식을 비교하고자 한다. 공유 데이터를 복사하여 값을 사용한 후 갱신하면, 임계영역에 접근하는 시간을 줄여 각각의 프로세서가 접근할 수 있는 시간적 여유를 제공할 수 있다. 그림 5-40에는 전체 "Lock"/"Unlock"하는 방식과 "Task"를 공유 데이터값을 복사하여 사용하는 방식이 표현되어 있다.

그림 5-40. 실습 4의 "Task" 락(Lock) 과정

본 실습에서는 그림 5-41과 같이 3개의 코어를 사용하고, 각각의 코어에서는 하나의 "Task"가 동작한다. 코어별 "Task"는 "SD"라는 코어 간 공유 변수의 값을 '1'씩 증가시키고, "C_N"번째 코어의 지역변수도 '1'씩 증가시킨다.

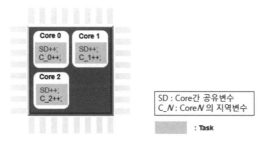

그림 5-41. 실습 4의 각 코어별 "Task" 동작

이와 같은 상황에서 그림 5-42, 그림 5-43와 같이, "Task" 전체를 "Lock" 하는 방법과 복사 변수를 활용하는 방법을 통하여 "SD" 값을 증가시키고, "C_N"값은 "Blocking" 방식이 아닌 일반적인 방식으로 증가시킨다.

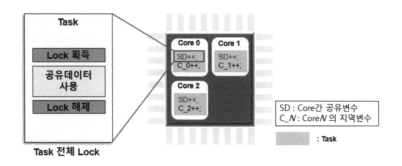

그림 5-42. 각 코어별 "Task"에 "Lock"을 적용한 경우

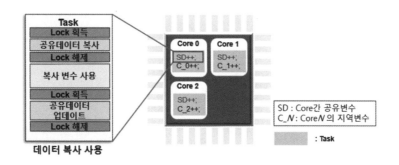

그림 5-43. 각 코어별 "Task"에 복사 변수를 사용한 경우

해당 실습에서 "SD"와 "C_N" 값의 변화를 확인하는 방법은 다음과 같다.

$$결괏값 = (\text{"C\_0"}+\text{"C\_1"}+\text{"C\_2"}) - \text{"SD"}$$

각 "Task"의 "C_0", "C_1", "C_2" 값은 "Task"가 동작할 때마다 '1'씩 증가할 것이다. "SD" 값 또한 "Task"가 동작할 때마다 '1'씩 증가할 것이지만, "Blocking" 방식에 따라 지연 시간이 발생하면 값을 증가시키는 동작이 누락될 수 있다. 해당 프로그램이 정상적으로 동작한다면 ("C_0"+"C_1"+"C_2") − "SD"의 결괏값은 '0'이 나와야 한다. 만약 결괏값이 '0'보다 큰 경우라면 "Lock"/"Unlock" 과정에서 지연 시간이 발생하여 "SD" 값을 증가시키는 작업이 누락되었음을 의미한다.

실습 4를 진행하기 위해, TC275에 "MultiCore_Ex4_Tricore.elf"를 다운로드해야 하며, 본 실습을 위하여 사용되는 GUI는 그림 5-44과 같다.

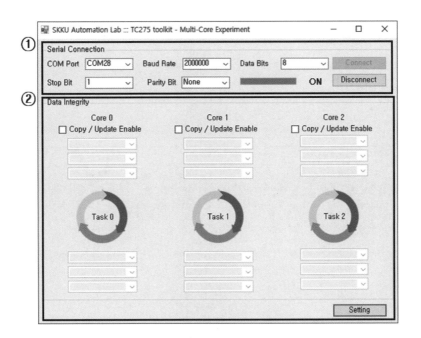

그림 5-44. 실습 4의 GUI 구성

① "Serial Connection"에서는 시리얼 통신을 연결하는 기능들이 포함되어 있다.

② "Data Integrity"에서는 기본적으로 "Task" 전체 "Lock" 방법이 적용되어 있고, "Copy/Update Enable"을 선택할 경우, 코어별로 복사 변수를 사용하는 방법을 적용할 수 있다.

2) 실습 4-1(Task 전체 Lock 방법)

2-1) 실습 방법

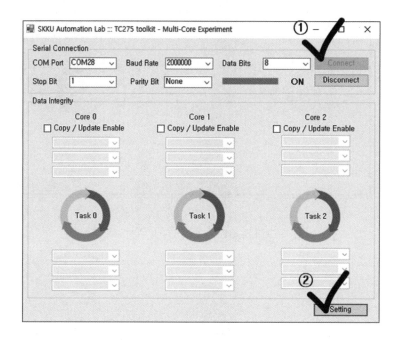

그림 5-45. 실습 4-1의 GUI 설정

① 시리얼 통신에 대한 설정값을 확인하고 "Connect"를 선택하여 TC275

와 PC 사이에 시리얼 통신을 연결한다.

② "Setting" 버튼을 클릭한다.

③ 실습 보드(TC275)의 스위치 0번을 누른다.

2-2) 실습 결과

그림 5-46. 실습 4-1의 출력 결과

그림 5-46에서는 실습 결과가 표시되어 있고, 각 "Task"의 "C_0", "C_1", "C_2"와 "SD" 값을 뺀 결과가 처음에는 '0'으로 시작하지만, 시간이 지날수록 증가한다는 것을 알 수 있다. 이는 Task 전체 Lock 방법에 따라 지연 시간이 발생하여 연산 동작이 정상적으로 수행되지 않았다는 것을 의미한다.

2) 실습 4-2(복사 변수 사용 방법)

2-1) 실습 방법

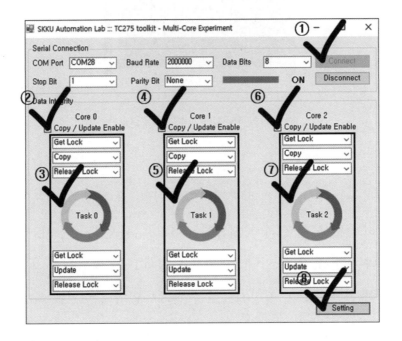

그림 5-47. 실습 4-2의 GUI 설정

① 시리얼 통신에 대한 설정값을 확인하고 "Connect"를 선택하여 TC275
와 PC 사이에 시리얼 통신을 연결한다.

② "Core 0"의 "Copy / Update Enable" 체크 박스를 선택한다.

③ "Core 0"의 그림 5-47의 내용과 같게 설정한다.

④ "Core 1"의 "Copy / Update Enable" 체크 박스를 선택한다.

⑤ "Core 1"의 그림 5-47의 내용과 같게 설정한다.

⑥ "Core 2"의 "Copy / Update Enable" 체크 박스를 선택한다.

⑦ "Core 2"의 그림 5-47의 내용과 같게 설정한다.

⑧ "Setting" 버튼을 클릭한다.

⑨ 실습 보드(TC275)의 스위치 0번을 누른다.

2-2) 실습 결과

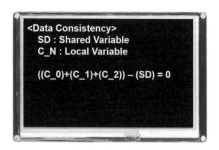

그림 5-48. 실습 4-2의 출력 결과

실습 4-2에서는 각 "Task"의 "C_0", "C_1", "C_2"와 "SD" 값의 차이가 계속 '0'으로 유지되는 것을 확인할 수 있다. 이것은 복사 변수 방법을 사용하면서 지연 시간이 감소하여 각 "Task"의 "C_0", "C_1", "C_2"와 "SD" 값이 정상적으로 증가하였다는 것을 의미한다.

부록

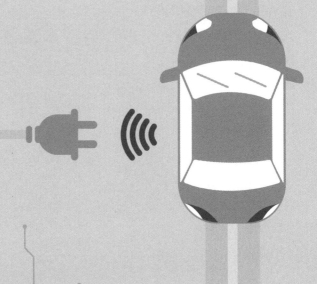

A.1. 하드웨어 사양

다음은 Infineon사에서 제공하는 TC275 및 실습에 사용하는 부가적인 기계 장치들(모터류, LCD, 센서류 등)에 대한 표준 규격을 나타낸다.

A.1.1. MCU

표 A-1. TC275 MCU 사양

Parameter	Symbol	Value			Unit	Note / Test Condition
		Min.	Typ.	Max.		
Maximum Clock	VCC_IN	-	200	-	V	
Flash Memory Size	-	-	4	-	MByte	
System Timer Cycle Time	-			-	ms	

A.1.2. 전원

표 A-2. TC275 전원 사양

Parameter	Symbol	Value			Unit	Note / Test Condition
		Min.	Typ.	Max.		
Power Voltage	VCC_IN	11.1	11.9	12	V	It is the power which is externally applied by using DC-Jack Connector.
Power Current	-	250	400	3000	mA	If a high torque is applied to the Motor, the current will increase in proportion to that. Nevertheless, it is recommended not to exceed 1000mA.

MCU Supply Regulator Voltage	IN_STBY	3	12	45	V
MCU Supply Regulator Current	–	250	400	2500	mA
MCU Input Voltage	VEXT	–	5	–	V
MCU FLEX Voltage	VFLEX	–	3.3	–	V
MCU IO Logic Voltage	VDDP3	–	3.3	–	V
MCU IO Lower Logic Voltage	VDD	–	1.3	–	V
MCU Configuration Voltage	VDDSB	–	1.3	–	V
MCU ADC Reference Voltage	VAREF	–	3.3	–	V

A.1.3. 통신

표 A-3. TC275 통신 사양

Parameter	Symbol	Value			Unit	Note / Test Condition
		Min.	Typ.	Max.		
UART Logic Voltage	–	3.0	3.3	5.0	V	
UART Speed	–	–	2	3	Mbps	
CAN / CAN-FD Logic Voltage	–	3.0	3.3	5.0	V	
CAN Speed	–	–	0.5	1	Mbps	
CAN-FD Nominal Speed	–	–	0.5	1	Mbps	
CAN-FD Data Frame Speed	–	–	2	10	Mbps	
FlexRay Logic Voltage	–	3.0	3.3	5	Mbps	
FlexRay Speed	–	–	–	10	Mbps	
Ethernet Logic Voltage	–	3.0	3.3	5	V	
Ethernet Speed	–	–	–	100	Mbps	
Wi-Fi Module Power Voltage	–	–	5	–	V	
Wi-Fi Module Logic Voltage	–	3.0	3.3	5.0	V	
Wi-Fi Module Comm. Speed	–	–	115200	–	bps	

A.1.4. LCD

표 A-4. TC275 LCD 사양

Parameter	Symbol	Value			Unit	Note / Test Condition
		Min.	Typ.	Max.		
LCD Power Voltage	–	–	5	5	V	
LCD Logic Voltage	–	–	3.3	–	V	
LCD Data Line Logic Voltage	LCD_Dn	–	3.3	–	V	
LCD Control Line Logic Voltage	LCD_xx	–	3.3	–	V	
LCD Display Cycle Time	–	0.5	10	–	ms	Draw a Line (320 dot)

A.1.5. 모터류

표 A-5. TC275 모터류 사양

Parameter	Symbol	Value			Unit	Note / Test Condition
		Min.	Typ.	Max.		
Motor Power Voltage	V_Motor	11.1	11.9	12	V	
Servo Motor Signal Voltage	dxl_Data	3.3	3.3	5	V	
Servo Motor Speed	–	–	–	114	RPM	Range of Value in Command Function (0~114)
Servo Motor Angle Range	–	0	150	300	Deg.	Range of Value in Command Function (0~300)
Linear Stepper Motor Line	LSM_xx	3	3.3	5	V	
Linear Stepper Motor Speed	–	–	–	5	mm/s	Range of Value in Command Function (0~100)

A.1.6. 센서류

표 A-6. TC275 센서류 사양

Parameter	Symbol	Value			Unit	Note / Test Condition
		Min.	Typ.	Max.		
Sensor Power Voltage	V_Sensor	4.5	5	5.5	V	
Variable Resistor Output Voltage	SAR1_0/2	2	–	3.55	V	
Infrared Sensor Output Voltage	SAR1_3/4	0.25	–	3.25	V	
Infrared Sensor Output Range	–	10	–	80	cm	
Ultrasonic Sensor Pulse Voltage	Ultrasonic_x	–	3.3	5	V	
Ultrasonic Sensor Trigger Speed	–	–	40	–	KHz	
Ultrasonic Sensor Output Range	–	2	–	450	cm	

A.2. 펌웨어 구조

　TC275는 그림 A-1과 같은 구조로 펌웨어가 구성되어 있다. 우선, 학습자가 MCU 기반의 임베디드 시스템을 원활하게 다루기 위해, 제어 방식에 대해 이해할 필요가 있다. 임베디드 시스템은 전자 부품들로 구성된 하드웨어를 MCU의 내부 모듈들과 I/O 제어기를 이용하여 제어할 수 있도록 설계된 시스템을 의미한다. 일반적으로 MCU는 연산장치, 메모리, 다양한 내부 장치(타이머, ADC, DAC, PWM, 통신 모듈 등), 그리고 I/O 제어기를 포함하고 있다.

　MCU는 내부 모듈을 제어하여 출력 신호를 변경하고, 특정 하드웨어에 신호를 전달하여 시스템을 동작시킬 수 있다. 이때, MCU 내부 모듈을 제어하기 위하여, 사용자는 각 모듈에 연결된 레지스터의 값을 적절하게 설정해야 한다. 여기서 레지스터는 메모리 영역 중 모듈 설정에 필요한 특정한 값을 저장하고 있는 공간이다. 이처럼 사용자는 MCU의 레지스터 값을 변경하여 임베디드 시스템의 하드웨어를 제어할 수 있다.

그렇지만, 시중에 사용되는 MCU의 종류는 매우 다양하고, 사용하는 목적에 따라서 성능과 구조가 서로 상이하다. 따라서 해당 MCU를 완벽하게 제어하기 위해서는 MCU의 모든 모듈과 각각의 레지스터 설정 방법을 숙지하고 있어야만 한다. 이는 사용자 관점에서 매우 어려운 일이며, 오랜 시간을 투자해야만 한다. 이를 보완하기 위하여, MCU 제조사에서는 MCU 모듈을 쉽게 사용할 수 있도록 별도의 라이브러리나 자체적인 펌웨어 프로그램을 제공한다. 실습에서 사용하는 TC275도 별도의 펌웨어가 내장되어 있다.

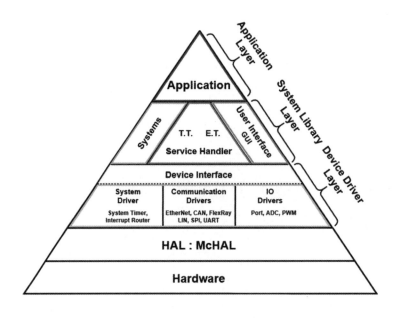

그림 A-1. 펌웨어 구조

A.2.1. McHAL

MCU 제조사에서는 컴파일러와 함께 MCU의 레지스터를 좀 더 쉽게 제어할 수 있도록 라이브러리를 제공한다. 해당 라이브러리는 레지스터에 임의의 값을 쓸 때, 메모리의 주소를 일일이 찾아 작성해야 하는 수고를 덜기 위하여 레지스터의 주소를 미리 정의해 놓은 C 파일 혹은 헤더 파일을 일컫는다. 그리고 이러한 파일의 집합을 HAL이라고 지칭한다.

A.2.2. 장치 드라이버 계층

HAL에서 제공하는 라이브러리를 사용하면, MCU 내부의 각 모듈을 제어하기 위한 레지스터를 좀 더 쉽게 설정할 수 있다. 하지만, 이 경우에도 사용자는 각 모듈의 제어 방법을 이해하고, I/O에 연결된 하드웨어와 활용 방법을 명확하게 숙지하고 있어야만 한다. 따라서 펌웨어는 사용자가 쉽게 제어할 수 있도록, 하드웨어 및 MCU 모듈과 호환되는 장치 드라이버 라이브러리를 함께 제공한다. 본 실습 보드의 펌웨어는 "Device Interface", "Driver"와 같이, 두 가지 계층으로 구성된 장치 드라이버를 제공한다.

"Driver"는 "IO", "Communication", "System"으로 구성되어 있으며, "IO Driver"는 ADC, GPIO, PWM 모듈 등을 제어하기 위한 코드이다. 다음으로, "Communication Driver"는 CAN, Ethernet 등의 통신 모듈을 제어하기 위한 코드이다. 마지막으로, "System Driver"는 시스템 타이머 모듈을 제어하기 위한 코드이다. 각 "Driver"는 하드웨어의 회로 및 사용 방법에 맞도록 이미 설정되어 있다.

"Device Interface"는 말 그대로 상위 프로그램과의 연결을 위해서 구성되었다. 하드웨어를 제어하기 위해서 "Device Interface"는 "Device Driver"의 함수들을 호출한다. "Driver"는 MCU를 기준으로 코드가 구성되어 복잡하지만, "Device Interface"는 하드웨어를 쉽게 사용할 수 있도록 코드가 단순하게 구성되어 있다. "Device Interface"의 예로는, LCD IF, PBSW 등이 있다. TC275에서는 "Device Interface"까지만 접근하는 것을 권장하며, "Device Interface"에서 포함하고 있지 않은 기능을 사용하고자 한다면 MCU 설명서를 참고하길 바란다.

A.2.3. 시스템 라이브러리 계층

시스템 라이브러리는 주로 응용프로그램의 수행 시간, 위치 등을 제어하고, 사용자에게 편의를 제공하기 위한 "User Interface"로 구성된다. 사용자 편의를 위한 기능으로는, 시스템 수행 기록을 관찰하기 위한 UART 채널과 GUI가 있다. UART는 C언어의 "printf( )" 함수와 동등하다.

GUI는 OOP를 지향하며, Windows 프로그래밍을 위한 MFC 혹은 Android 프로그래밍을 위한 GUI와 비슷하게 구현하기 위해 노력하였다. 시스템 라이브러리 계층의 가장 중요한 기능은 응용프로그램의 실행 위치, 실행 주기를 설정하는 것이다. 일반적으로 OS나 펌웨어의 주요 목적은 응용프로그램의 운영이며, TC275에서도 응용프로그램이 실행되거나 발생하는 위치와 주기를 조정할 수 있다. 조정하는 방법은 원하는 이벤트(혹은 인터럽트)가 발생할 때, 실행되는 함수에서 해당 응용프로그램을 호출하는 것이다. 여기서 이벤트가 발생할 때 실행되는 함수를 ISR 혹은 핸들러라고 일컫는다. 핸들러에서 응용프로그램을 호출하여 사용자가 원하는 시점에서 실행될 수 있도록 한다.

본 펌웨어에서, 사용자가 원하는 시점에 응용프로그램을 실행하기 위해서는 "Timed-Trigger"를 활용하여 "Event-trigger"를 반복적으로 실행하고, "Event-trigger" 내부의 핸들러에 응용프로그램 실행에 필요한 함수를 삽입하면 된다. 이때, 트리거의 종류가 다양하므로, 다수의 트리거가 중첩될 수 있다. 이와 같은 문제를 극복하기 위해 다양한 스케줄링 기법이 사용되고, TC275는 발생한 트리거의 우선순위를 설정하는 스케줄링 방법을 자체적으로 포함하고 있다.

A.2.4. 응용프로그램 계층

상기 언급한 "Device Interface"의 함수를 사용하여 하드웨어를 제어하고, 트리거에 프로그래밍한 함수를 연결하여 사용자가 원하는 응용프로그램을 구성할 수 있다.

A.3. 기타 라이브러리

다음은 TC275 기반의 임베디드 시스템에서 프로그래밍을 위해 제공하는 함수의 항목과 용도를 간략하게 설명하고 있다.

A.3.1. LED

1) IO_set_LED

표 A-7. IO_set_LED 함수 소개

Type		void IO_set_LED(void)
Parameter	Input	None.
	Output	None.
Descript		Ports setting for LED line. P13_0~3 and P22_0~3.

2) IO_setByte_LED

표 A-8. IO_setByte_LED 함수 소개

Type		void IO_setByte_LED(uint8 byte_LED)
Parameter	Input	Byte value to LED.
	Output	Mask value of LED.
Descript		Out value to LED. P13_0~3 and P22_0~3.

3) IO_setBit_LED

표 A-9. IO_setBit_LED 함수 소개

Type		void IO_setBit_LED(uint8 num_LED, uint8 Bit_LED)
Parameter	Input	Number of Bit.
		Bit value to LED.
	Output	Mask value of LED.
Descript		Out value to LED. P13_0~3 and P22_0~3.

A.3.2. PBSW

1) IO_set_PBSW

표 A-10. IO_set_PBSW 함수 소개

Type	void IO_set_PBSW(void)	
Parameter	Input	None.
	Output	None.
Descript	Device setting for Push Button Switch line.	

2) IO_get_PBSW

표 A-11. IO_get_PBSW 함수 소개

Type	void IO_get_PBSW(int number, char direction)	
Parameter	Input	Bit number
		Direction
	Output	State
Descript	Gets state of Push Button Switch.	

A.3.3. LCD

1) IO_set_LCD

표 A-12. IO_set_LCD 함수 소개

Type	void IO_set_LCD(void)	
Parameter	Input	None.
	Output	None.
Descript	Device setting for LCD line.	

2) IO_LCD_Initialize

표 A-13. IO_LCD_Initialize 함수 소개

Type	void IO_LCD_Initialize(void)	
Parameter	Input	None.
	Output	None.
Descript	Initialize LCD Parameter.	

3) IO_LCD_Clear

표 A-14. IO_LCD_Clear 함수 소개

Type	void IO_LCD_Clear(unsigned int Color)	
Parameter	Input	None.
	Output	None.
Descript	Clear the LCD.	

4) IO_LCD_SetPoint

표 A-15. IO_LCD_SetPoint 함수 소개

Type	void IO_LCD_SetPoint(unsigned int Xpos, unsigned int Ypos, unsigned int point)	
Parameter	Input	LCD X position data to cursor.
		LCD Y position data to cursor.
		LCD Y position data.
	Output	None.
Descript	IO set point of LCD.	

5) IO_LCD_GUI_DrawLine

표 A-16. IO_LCD_GUI_DrawLine 함수 소개

Type	void IO_LCD_GUI_DrawLine(unsigned int x1, unsigned int y1, unsigned int x2, unsigned int y2 , unsigned int color)	
Parameter	Input	Position x1
		Position y1
		Position x2
		Position y2
		Color of Line
	Output	None.
Descript	IO Drawline on LCD.	

6) IO_LCD_GUI_PutChar

표 A-17. IO_LCD_GUI_PutChar 함수 소개

Type	void IO_LCD_GUI_PutChar(unsigned int Xpos, unsigned int Ypos, unsigned char ASCI, unsigned int charColor, unsigned int bkColor)	
Parameter	Input	LCD X position data to cursor.
		LCD Y position data to cursor.
		ASCII code
		RGB Color
		Black Color
	Output	None.
Descript	IO Write Character on LCD Point .	

7) IO_LCD_GUI_DrawCross

표 A-18. IO_LCD_GUI_DrawCross 함수 소개

Type	void IO_LCD_GUI_DrawCross(unsigned int Xpos, unsigned int Ypos)	
Parameter	Input	Position x
		Position y
	Output	None.
Descript	Draw multiple lines.	

8) IO_LCD_SetPoint

표 A-19. IO_LCD_SetPoint 함수 소개

Type	void IO_LCD_SetPoint (unsigned int Xpos,unsigned int Ypos, unsigned int point)	
Parameter	Input	LCD X position data to cursor.
		LCD Y position data to cursor.
		LCD Y position data.
	Output	None.
Descript	IO set point of LCD.	

9) IO_LCD_writeWord_Register

표 A-20. IO_LCD_SetPoint 함수 소개

Type	void IO_LCD_writeWord_Register (unsigned int word_LCD_reg, unsigned int word_LCD_reg_value)	
Parameter	Input	LCD word register.
		LCD word register value.
	Output	None.
Descript	Sets LCD index by Word unit, Write LCD Register value to LCD Register.	

10) IO_LCD_writeWord_Index

표 A-21. IO_LCD_writeWord_Index 함수 소개

Type	void IO_LCD_writeWord_Index(unsigned int word_LCD_index)	
Parameter	Input	LCD word index.
	Output	None.
Descript	Sets LCD index by Word unit, Write value to LCD Index.	

11) IO_LCD_writeWord_Data

표 A-22. IO_LCD_writeWord_Data 함수 소개

Type	void IO_LCD_writeWord_Data(unsigned int word_LCD_data)	
Parameter	Input	LCD word index. Need to write data
	Output	None.
Descript	Sets LCD Data by Word unit, Write value to LCD Data.	

12) IO_LCD_readWord_Data

표 A-23. IO_LCD_readWord_Data 함수 소개

Type	unsigned int IO_LCD_readWord_Data(unsigned int word_LCD_index)	
Parameter	Input	LCD word index. Need to read data
	Output	None.
Descript	Sets LCD index by Word unit, Read Value from LCD Data.	

13) IO_LCD_setCursor

표 A-24. IO_LCD_setCursor 함수 소개

Type	void IO_LCD_setCursor(unsigned int Xpos, unsigned int Ypos)	
Parameter	Input	LCD X position data to cursor.
		LCD Y position data to cursor.
	Output	None.
Descript	IO set Cursor on LCD.	

14) IO_LCD_GetPoint

표 A-25. IO_LCD_GetPoint 함수 소개

Type	unsigned int IO_LCD_GetPoint(unsigned int Xpos,unsigned int Ypos)	
Parameter	Input	LCD X position data to cursor.
		LCD Y position data to cursor.
	Output	LCD X,Y position data.
Descript	IO Get point of LCD position.	

15) IO_LCD_SetPoint

표 A-26. IO_LCD_SetPoint 함수 소개

Type	void IO_LCD_SetPoint(unsigned int Xpos,unsigned int Ypos,unsigned int point)	
Parameter	Input	LCD X position data to cursor.
		LCD Y position data to cursor.
		LCD Y position data.
	Output	None.
Descript	IO set point of LCD.	

16) GUI_LCD_BGR2RGB

표 A-27. IO_LCD_BGR2RGB 함수 소개

Type	unsigned int GUI_LCD_BGR2RGB(unsigned int color)	
Parameter	Input	BGR Color
	Output	RGB Color
Descript	Transfer Color BGR to RGB.	

A.3.4. CAN

1) IO_set_CAN

표 A-28. IO_set_CAN 함수 소개

Type		void IO_set_CAN(void)
Parameter	Input	None.
	Output	None.
Descript		Initialize the CAN module.

2) IO_set_CAN_Module_Enable

표 A-29. IO_set_CAN_Module_Enable 함수 소개

Type		void IO_set_CAN_Module_Enable(void)
Parameter	Input	None.
	Output	None.
Descript		Activate the CAN module.

3) IO_set_CAN_Enable

표 A-30. IO_set_CAN_Enable 함수 소개

Type		void IO_set_CAN_Enable(uint8 num_ch, uint8 FD)
Parameter	Input	CAN channel.
		CAN FD: Whether or not to use (0: not use, 1: use)
	Output	None.
Descript		Activates a specific channel of the CAN module.

4) IO_set_CAN_Bit

표 A-31. IO_set_CAN_Bit 함수 소개

Type	void IO_set_CAN_Bit (uint8 num_ch, uint32 nom_Baudrate, uint32 fast_Baudrate)	
Parameter	Input	CAN channel.
		CAN normal baudrate.
		CAN fast baudrate.
	Output	None.
Descript	Set the communication speed of the CAN module.	

5) IO_set_CAN_BitTiming

표 A-32. IO_set_CAN_BitTiming 함수 소개

Type	void IO_set_CAN_BitTiming(uint8 num_ch, uint32 nom_SJW, uint32 nom_SP, uint32 fast_SJW, uint32 fast_SP, uint8 LDO)	
Parameter	Input	CAN channel.
		CAN normal SJW.
		CAN normal SP.
		CAN fast SJW.
		CAN fast SP.
		CAN LDO.
	Output	None.
Descript	Set the bit timing of the CAN module.	

6) IO_set_CAN_msgObject

표 A-33. IO_set_CAN_msgObject 함수 소개

Type		void IO_set_CAN_msgObject(uint8 num_msgObj, uint8 num_ch, uint32 ID, uint8 size_frame, uint8 FD_on)
Parameter	Input	Message object number.
		CAN channel.
		CAN ID.
		CAN Frame size.
		CAN FD on.
	Output	None.
Descript		Set the message object to be used in the CAN module.

7) printf_CAN

표 A-34. printf_CAN 함수 소개

Type		extern void printf_CAN(uint8 number_MsgObj, uint8 *fmt, …)
Parameter	Input	Message object number.
		CAN Sending data.
	Output	None.
Descript		Transmits the message object created in the CAN module.

8) IO_set_CAN_RxBuffer

표 A-35. IO_set_CAN_RxBuffer 함수 소개

Type	void IO_set_CAN_RxBuffer(uint8 num_MsgObj, uint8 *buffer)	
Parameter	Input	Number of message object.
		Receive data buffer.
	Output	None.
Descript	When a CAN message is received, set a buffer to store the message.	

10) IO_get_CAN_RxBuffer

표 A-36. IO_get_CAN_RxBuffer 함수 소개

Type	uint32 IO_get_CAN_RxBuffer(uint8 num_MsgObj, uint8 *buffer)	
Parameter	Input	Number of message object.
		Receive data buffer.
	Output	Receive data
Descript	Gets the received CAN message object.	

A.3.5. ETH

1) IO_Set_ETH

표 A-37. IO_set_ETH 함수 소개

Type	void IO_Set_ETH(void)	
Parameter	Input	None.
	Output	None.
Descript	Initialize the ethernet module.	

2) setFrame_ETH

표 A-38. setFrame_ETH 함수 소개

Type	void setFrame_ETH(uint8 *buf)	
Parameter	Input	None.
	Output	None.
Descript	Set the ethernet frame to be transmitted.	

A.3.6. dxl

1) IO_set_dxl

표 A-39. IO_set_dxl 함수 소개

Type	void IO_Set_ETH(void)	
Parameter	Input	None.
	Output	None.
Descript	Device setting for Servo Motor Comm. line.	

2) IO_dxl_Turn_sync_sub

표 A-40. IO_dxl_Turn_sync_sub 함수 소개

Type	void IO_dxl_Turn_sync_sub (unsigned char id, float value_angle, float value_speed);	
Parameter	Input	ID of Motor (Initialized Motor ID is '1')
		Target Position (0 to 300[degree])
		RPM of Motor (0 to 100 [RPM], if you set '0', uses Maximum RPM)
	Output	None.
Descript	Setting Command of Motor Operating.	

3) IO_dxl_Turn_sync

표 A-41. IO_dxl_Turn_sync 함수 소개

Type	void IO_dxl_Turn_sync_sub (unsigned char id, float value_angle, float value_speed);	
Parameter	Input	After Waiting Time
	Output	None.
Descript	Send Message for Setting Command	

참고문헌

CAN/CAN-FD

1. Bosch, CAN Specification-Version 2.0, 1991

2. Joachim Charzinski , Performance of the Error Detection Mechanisms in CAN, Proc.of the 1st iCC, 1994

3. Egon Jöhnk and Klaus Dietmayer, (AN97046) Determination of Bit Timing Parameters for SJA 1000 CAN Controller, Philips Semiconductors, 1997

4. Freescale Semiconductor, Bosch Controller Area Network(CAN) Version 2.0, 1998

5. Philips, (AN2005) AU5790 Single wire CAN transceiver, 2001

6. Pat Richards, (AN754) Understanding Microchip's CAN Module Bit Timing, Microchip, 2001

7. D. Mannisto and M. Dawson, An Overview of CAN Technology, mBUS, 2003

8. Philips, (TJA1050) High Speed CAN Transceiver, 2003

9. M. Passemard, (4069A-CAN-02/04) Atmel Microcontrollers for Controller area Network (CAN), Atmel Corporation, 2004

10. Aoife Moloney, Line Coding, Dublin Institute of Technology, 2005

11. NXP, (AN00094) TJA1041/1041A high speed CAN transceiver, 2006

12. NXP, (TJA1041) High Speed CAN Transceiver, 2007

13. M. D. Natale, Understanding and using the Controller Area Network, 2008

14. T. Thomsen and G. Drenkhahn, Ethernet for AUTOSAR, 2008

15. Steve Corrigan(Texas Instruments), (SLLA270) Controller Area Network Physical Layer Requirements, 2008

16. T. Strang and M. Röckl, Vehicle Networks Controller Area Network(CAN), 2009

17. Elmos, (E520.13) HS CAN Transceiver for Partial Networking, 2011

18. Bosch, CAN with Flexible Data-Rate Specification Version 1.0, 2012

19. Bosch, CAN FD-CAN with Flexible Data Rate, Automotive Electronics, 2012

20. Thomas Lindenkreuz, CAN FD-CAN with Flexible Data Rate, Bosch, 2012

21. Wilfred Voss, Controller Area Network(Serial Network Technology for Embedded Solutions), ESD Electronics Inc, 2013

22. Arthur Mutter, Summary of the discussion regarding the CAN-FD CRC issue, Bosch, 2014

23. Microchip, High-Speed CAN Flexible Data Rate Transceiver, 2014

24. Semiconductor Components Industries, (AND8169/D) EMI/ESD Protection Solutions for the CAN Bus, 2014

25. Semiconductor Components Industries, (AMIS-41682, AMIS-41683) Fault-tolerant CAN transceiver, 2015

26. Texas Instruments, (SN65HVD233) 3.3-V CAN Bus Transceivers - Revision G, 2015

27. Y. Horii and Y. Mori, Ringing suppression technology to achieve higher data rates using CAN FD,

2015

28. R. Pallierer and M. Ziehensack, Secure Ethernet Communication for Autonomous Driving, 2016

29. T. Adamson, Migrating to CAN FD, 2016

30. B. Elend and T. Adamson, Cyber security enhancing CAN transceivers, ICC, 2017

31. F. Maggi, A Vulnerability in Modern Automotive Standards and How We Exploited It, 2017

32. NXP, (TJA1042) High Speed CAN Transceiver with Standby mode, 2017

33. R. Currie and S. Northcutt, Hacking the CAN Bus: Basic Manipulation of a Modern Automobile Through CAN Bus Reverse Engineering, 2017

34. Tony Adamson, Migrating To CAN-FD, 2017

35. T. Matsumoto, JasPar Activity for CAN-FD, 2017

36. NXP, (AH1014) Application Hints-Standalone high speed CAN transceiver, TJA1042/TJA1043/TJA1048/TJA1051, 2020

37. NXP, (TJA115x) Secure CAN Transceiver Family-Rev3, 2020

38. Y. Yao, Signal Improvement Capability(SIC) for CAN-FD Networks, 2020

39. H. Kellermann, et. al, Electrical and Electronic System Architecture: Communication Network, Power Distribution System, Central Services and Wiring Harness, ATZextra, 2008

40. KIM, Jin Ho, et al. Gateway framework for in-vehicle networks based on CAN, FlexRay, and Ethernet. IEEE transactions on vehicular technology, 2014, 64.10: 4472-4486.

41. Y. Horii and Y. Mori, Novel Ringing Suppression Circuit to Achieve Higher Data Rates in a Linear Passive Star CAN FD, Proc. of the 2014 International Symposium on Electromagnetic Compatibility (EMC Europe 2014), Gothenburg, Sweden, 2014

42. D. Paret, Multiplexed Networks for Embedded Systems CAN, LIN, Flexray, Safe-by-wire, Wiley, 2007

43. Noise Suppression Basic Course Section 1
http://www.murata.com/en-global/products/emc/emifil/knowhow/basic/chapter02-p3

44. Vector, CAN (Controller Area Network)
https://elearning.vector.com/mod/page/view.php?id=333

45. Vector: What is a CAN SIC Transceiver?
https://kb.vector.com/entry/1646/

Ethernet

1. H. Kellermann, et. al, Electrical and Electronic System Architecture: Communication Network, Power Distribution System, Central Services and Wiring Harness, ATZextra 2008

2. T. Thomsen and G. Drenkhahn, Ethernet for AUTOSAR, 2008

3. M. Osajda, The Fully Networked Car, 2010

4. A. Maier, ETHERNET - THE STANDARD FOR IN-CAR COMMUNICATION, 2012

5. B. Forouzan and F. Mosharraf, Computer Networks: A Top-Down Approach, McGraw-Hill, 2012

6. H. Goto, The Next Generation Automotive Network-Updates of the related activities in Japan, 2012

7. H. Schaal, IP and Ethernet in Motor Vehicles, 2012

8. K. Matheus, OPEN Alliance-Stepping Stone to Standardized Automotive Ethernet test, 2012

9. P. Hank, Automotive Ethernet, Holistic Approach for a Next-generation In-Vehicle Networking Standard, 2012.

10. Renesas Electronics Corporation, Semiconductor Technology to support Higher Speed Automotive Network & Connectivity, 2012

11. R. Hoeben, Automotive Ethernet gaining traction Status and way forward , 2012

12. P. Hank, et. al, Automotive Ethernet: Evolution in the fast lane, 2013

13. T. Hogenmuller and B. Triess, Cost Efficient Gateway Architceture, 2013

14. A. Tan, Designing 1000BASE-T1 Into Automotive Architectures, 2014

15. Broadcom corp, BroadR-Reach Physical Layer Transceiver Specification For Automotive Applications, 2014

16. K. Wittmack, Introducing Automotive Ethernet: A Project Manager's Account, 2015

17. M. Kataoka, et. al, Ethernet Oriented E/E Architecture with CAN Virtualization for Automated Driving Vehicles, 2015

18. N. Kitajima, Time sensitive network enabling next generation of automotive E/E architecture, 2015

19. O. Sugihara, Standardization activities on Gigabit Ethernet operation over plastic optical fiber, 2015

20. Y. Kaku, Highly reliable network technology that is necessary for achieving future E/E architecture aimed at the age of "Automated Driving", 2015

21. A. Bar-Niv, Automotive Ethernet Technology, 2016.

22. A. Tan, 1000BASE-T1 Learnings and Next Gen Use Cases, 2016

23. T. Hoffleit and D. Kulkarni, Performance of selected Ethernet AVB and TSN features for control traffic, 2016

24. H. Zweck, Next Gen Automotive Ethernet Functions and the Implementation in an Ethernet MAC, 2017

25. J. Rebel, Infineon AURIX 32-bit microcontrollers as the basis for ADAS/Automated Driving, 2017

26. O. Locks, Future Vehicle System Architecture ASAM General Assembly, 2017

27. A. Bar-Niv, The Inevitable-High Speed Ethernet in Automotive, 2018

28. D. Pannell, Increasing Network Efficiency by Combining Ethernet/TSN Standards, 2018 IEEE Ethernet & IP@ Automotive Technology Day, 2018

29. Ethernet & IP@ Automotive Technology Day, 2018

30. O. Creighton & L. Volker, Automotive MACSEC Architecture, 2021

31. B. Triess and T. Hogenmülle, Ethernet Gateway for Automotive

32. C. Meineck, Ethernet network-security for on-board networks

33. J. Hegewald, et. al, An OEM perspective on introducing Ethernet/IP into automotive series production using AUTOSAR

34. BMW, (1722.1) Automotive Use Cases.(802.1 AVB in a vehicular environment)

35. KIM, Jin Ho, et al. Gateway framework for in-vehicle networks based on CAN, FlexRay, and Ethernet. IEEE transactions on vehicular technology, 2014, 64.10: 4472-4486.

36. IANA, Ethernet 타입 목록
https://www.iana.org/assignments/ieee-802-numbers/ieee-802-numbers.xhtml#ieee-802-numbers-1

37. Marvell®, 88Q4364 Automotive 802.3ch compliant 10GBase-T1 PHY
    https://www.marvell.com/products/automotive/88q4364.html?utm_source=prnewswire&utm_
    medium=press-release&utm_campaign=auto-88Q4364-0421&utm_content=learn-more&utm_
    term=auto-88Q4364-0421-pp

38. MLT-3 encoding https://en.wikipedia.org/wiki/MLT-3_encoding

39. OPEN Alliance www.opensig.org

40. Wireshark, MAC 주소의 고유 제조 번호 목록
    https://gitlab.com/wireshark/wireshark/-/raw/master/manuf

Multi-Core

1. Infineon, AURIX™ TC27x D-step User Manual-V2.2, 2014

2. Infineon, AURIX™ 32-bit microcontrollers for automotive and industrial applications, 2020

3. HyunChul Jo, A Survey of Embedded Software Testing for Automotive Standard Platform, 2010

4. BYUN, Jin Young, et al. Effective In-Vehicle Network Training Strategy for Automotive Engineers. IEEE Access, 2022, 10: 29252-29266.

5. JO, ChangYoung; PARK, JaeWan; JEON, JaeWook. Multi-Core Gateway Architecture and Scheduling Algorithm for High-Performance Gateway Implementation. In: 2020 IEEE International Conference on Consumer Electronics-Asia (ICCE-Asia). IEEE, 2020. p. 1-6.

6. MOON, Jun Young, et al. The migration of engine ECU software from single-core to multi-core. IEEE Access, 2021, 9: 55742-55753.

7. KIM, MinHo; DO, YoungSoo; JEON, JaeWook. Multicore ECU task-load distribution (balancing) and dynamic scheduling. In: 2021 IEEE Region 10 Symposium (TENSYMP). IEEE, 2021. p. 1-5.

8. MOON, Jun Young, et al. Writing Reprogramming Data from RAM to Flash Memory Using Multicore Electronic Control Units. In: 2021 15th International Conference on Ubiquitous Information Management and Communication (IMCOM). IEEE, 2021. p. 1-4.

9. 운영체제 9th edition(Abraham Silberschatz, Peter Baer Galvin, Greg Gagn, 조유근, 고건, 박민규 번역), ㈜교보문고, 2018

10. 정내훈, 시즌 2: 멀티쓰레드 프로그래밍이 왜 이리 힘드나요?, 한국산업기술대학교, 2014
    http://ndcreplay.nexon.com/NDC2014/sessions/NDC2014_0048.html

찾아보기

Infineon TC275 기반

차량용
임베디드
시스템

1판 1쇄 인쇄 2023년 1월 25일
1판 1쇄 발행 2023년 1월 31일

지은이 도영수, 박재완, 김민호, 김종훈, 전재욱
펴낸이 유지범
펴낸곳 성균관대학교 출판부
등록 1975년 5월 21일 제1975-9호

주소 03063 서울특별시 종로구 성균관로 25-2
대표전화 02)760-1253~4
팩시밀리 02)762-7452
홈페이지 press.skku.edu

ISBN 979-11-5550-572-4 93560

※ 잘못된 책은 구입한 곳에서 교환해드립니다.